Ullstein

ÜBER DAS BUCH:

Die 31 wahren Geschichten aus der Sammlung des bekannten maritimen Publizisten geben Einblick in mehrere Jahrhunderte Schiffahrtsgeschichte, wie sie bislang noch nicht betrachtet wurde. Im Mittelpunkt steht immer Gewalt an Bord – Meuterei, Piraterie, Mord, Kannibalismus, Versicherungsbetrug oder Terrorismus auf See.

Seeleute neigen zwar nicht stärker zu Gewaltverbrechen als ihre Zeitgenossen an Land, aber was sie schlechter ertragen können, ist Ungerechtigkeit. Denn einerseits bietet ihnen die See die große Freiheit, andererseits reduziert die harte Disziplin an Bord den freien Willen auf ein Minimum. Dieser Konflikt entlädt sich angesichts der bedrohlichen Naturgewalten von See und Wind oft in Kapitalverbrechen, die in ihrer Dramatik nicht zu übertreffen sind.

DER AUTOR:

Kurt Gerdau, 1930 geboren, aufgewachsen in Ostpreußen, lebt seit 1945 in und bei Hamburg. Er fuhr als Offziersanwärter noch auf der Viermastbark *Padua* und wurde bereits mit 24 Jahren Kapitän. Schrieb seit einer Reise nach Indien (1950) nebenbei Seefahrtsgeschichten und ist seit 1963 Schifffahrtspublizist im Hauptberuf. So kamen über 200 Erzählungen, zahlreiche Rundfunkbeiträge, mehrere maritime Serien und über ein Dutzend Seefahrtsbücher zustande. Neben seinen Taschenbüchern ist bei Ullstein besonders erfolgreich sein aufwendig bebildeter Großband »Heimathafen Hamburg«.

Kurt Gerdau

# Tatort Hochsee

## Gewaltverbrechen an Bord

Ullstein

maritim Ullstein Buch/Nr. 22946
Herausgegeben von J. Wannenmacher
im Verlag Ullstein GmbH
Frankfurt/M – Berlin

Originalausgabe

Umschlagentwurf:
Hansbernd Lindemann
Umschlagillustration:
Mike Vaughan/The Image Bank

Printed in Germany 1993
Gesamtherstellung:
Clausen & Bosse, Leck
ISBN 3 548 22946 8

März 1993

Vom selben Autor
in der Reihe der
Ullstein Bücher:

Keiner singt ihre Lieder (20912)
La Paloma, o je! (22194)
Große Freiheit See (22616)

Die Deutsche Bibliothek –
CIP-Einheitsaufnahme

**Gerdau, Kurt:**
Tatort Hochsee: Gewaltverbrechen
an Bord / Kurt Gerdau.
[Hrsg. von J. Wannenmacher]. –
Orig.-Ausg. – Frankfurt/M;
Berlin: Ullstein, 1993
(Ullstein-Buch; Nr. 22946: Maritim)
ISBN 3-548-22946-8
NE: GT

# Inhalt

# Vorwort

Warum sollte es auf einem Schiff anders zugehen als in einer kleinen Landgemeinde, wo am Sonnabend unter den Burschen des Dorfes in der Kneipe der Kampf um den Rang des Platzhirschen ausgetragen wird? Da fliegen, wenn es denn sein muß, die Fäuste, wie die Kirchspielchroniken beweisen. In den meisten Fällen wird dabei um die Gunst der Dorfschönen gestritten. Das kommt zwar auf den Schiffen äußerst selten vor, weil es meistens an weiblicher Gesellschaft fehlt, aber an anderen Anlässen zu Gewalttätigkeit mangelt es an Bord keineswegs.

Das Buch gibt einen Einblick in einige Jahrhunderte Schiffahrtsgeschichte, wie sie bislang nicht betrachtet worden ist. Fernab jeder Romantik ist es eine Geschichte von Mord, Totschlag und Meuterei. Eine böse Geschichte, wenn man so will, aber dieser Eindruck täuscht: Seeleute sind nicht besser und nicht schlechter als ihre Zeitgenossen an Land. Was sie schlechter ertragen können, ist Ungerechtigkeit. Auf der einen Seite bietet die See eine großartige Freiheit, das Schiff aber reduziert sie auf ein Minimum. Seeleute führen ein Leben, in dem sie sich oft nur mit innerlichem Sträuben den bestehenden Gesetzen der Disziplin an Bord fügen. Das kann nicht immer gutgehen.

Wenn man liest, mit welchen Mitteln einst die Disziplin an Bord aufrechterhalten wurde, dann bekommt man einen Überblick über die Veränderungen in der Schiffahrt. Berüchtigt waren die englischen Fischer von Yarmouth, Kent und Sussex, die oft mehr auf Prügeleien aus waren als auf Fischfang. So wurden 1297 bei einem Kampf zwischen den Fischersleuten zwei Schiffe versenkt und über 200 Mann getötet.

Erinnert sei auch an die Meuterei auf der *Pinta* im September 1492 und auf der *Santa Maria*, dem Flaggschiff von Christoph Kolumbus. Am 10. Oktober 1492 notierte er in seinem Tagebuch, daß sich seine Leute über die lange Reisedauer beklagt hätten. Er schloß mit dem Hinweis, daß es zwecklos wäre, darüber in Streit zu geraten, da »ich entschlossen bin, nach Indien zu gelangen und die Reise so lange fortzusetzen, bis ich mit Gottes Hilfe dahin gelangt sein werde.« So demokratisch kann sich das nicht abgespielt haben, wie der spätere Prozeß nach der Rückkehr in Spanien beweist.

Die deutschen Schiffsgesetze waren in ihren Strafbestimmungen, obwohl das »Kielholen« für Schlafen auf der Wache und Insubordination an Bord dazugehörte, noch relativ human gegen die von König Richard Löwenherz in England geschaffenen Bestimmungen. Wer auf seinen Schiffen einen Mann tötete, wurde an die Leiche gebunden über Bord geworfen; falls die Tat im Hafen erfolgte, wurde er lebendig begraben. Messerstechereien kosteten die Hand, und Diebstahl wurde mit »Teeren und Federn« mit nachfolgender Aussetzung an Land bestraft. Meuterei – besonders gemeinsam verabredete Meuterei – war in allen Flotten ein Kapitalverbrechen und wurde entsprechend geahndet.

Die Strafen sind milder geworden, die Taten aber sind Untaten geblieben, denn Mord bleibt Mord.

# Der Ehrenwerte William Bligh

Der Londoner Antiquar John Maggs hat so manche bibliophile Kostbarkeit in seinen Tresoren, aber eine liebt er ganz besonders. Er hat diese schmalbrüstige Kostbarkeit bei Christie's für umgerechnet 50000 Mark ersteigert. Das ist viel Geld für ein Büchlein, aber die Ausgabe hat sich gelohnt, denn nun besitzt er eins der wenigen erhalten gebliebenen Exemplare des Kriegsgerichts-Protokolls über die Meuterei auf der *Bounty*. Sie brach am 28. April 1789 aus. Der Kommandant William Bligh wurde nicht getötet, sondern ausgesetzt. Während der langen Reise im offenen Boot führte Kapitän Bligh Tagebuch, wie er es bei der Navy als Kadett gelernt hatte. Seine erste Notiz galt dem Anführer der Meuterer: »Christian – vierundzwanzig Jahre alt, fünf Fuß neun Zoll groß, tiefe Bräune, sternförmige Tätowierung auf der linken Brustseite und Rücken. Hervorstehende Knie, könnte als krummbeinig bezeichnet werden. Heftigste Schweißausbrüche vor allem an den Händen; befleckte alles, was er anfaßte.«

Diese exakte Personenbeschreibung glich einem Steckbrief, denn Bligh wollte Fletcher Christian hängen sehen. Wer aber war der in allen Büchern angefeindete William Bligh wirklich? War er wirklich ein gottloser, machtbesessener Tyrann, der nichts anderes im Sinn hatte, als seine Leute zu quälen?

William Bligh wurde 1755 als Sohn eines englischen Zollbeamten geboren. Im Alter von sieben Jahren trat er in die britische Kriegsmarine ein, neun Jahre später wurde er Midshipman. Der Offiziersanwärter tat auf verschiedenen Schiffen Dienst und hatte Gelegenheit, sich auszuzeichnen, so daß er als 22jähriger das Leutnantspatent erhielt. Bis dahin hatte ausschließlich die Royal Navy sein Leben bestimmt. Eine erste Erwähnung in den Annalen der britischen Marinegeschichte wird dem jungen Bligh zuteil in Verbindung mit den Weltreisen James Cooks. Beim Zusammenstoß des Entdeckers mit den Eingeborenen auf Hawaii, bei dem Cook den Tod fand, hielt sich William Bligh mit an Land auf. Als die Eingeborenen die auf dem Reparaturplatz arbeitenden Seeleute bedrängten, entstand eine gefährliche Situation. Steine hagelten auf die Matrosen nieder, und Leutnant Bligh gab den Feuerbefehl. Nach der ersten Salve lagen acht Eingeborene tot auf dem Platz. Der Medizinmann zeigte sich tief beeindruckt und bat um Frieden. Blighs entschlossenes Handeln rettete, wenn schon nicht Cook, so doch seine Leute und die an Land befindliche Ausrüstung. Auf der Heimreise war William Bligh für die Navigation verantwortlich. Auch diese Aufgabe löste er hervorragend und wurde dafür in London öffentlich belobigt. Eine große Karriere schien sich anzubahnen.

1775 hatten die Pflanzer in der britischen Karibik vom Nährwert der Brotfrucht erfahren, die damals ausschließlich im Südpazifikraum gedieh. Sie baten über den Gouverneur die Krone um Hilfe. Nach jahrelangem Hin und Her entschloß sich die Regierung in London zur Ausrüstung einer Expedition und kaufte 1787 einen Dreimaster von rund 220 Tonnen. Zum Kommandanten des Vollschiffs HMS *Bounty* wurde der dreiunddreißigjährige Leutnant William Bligh ernannt. Als Segelmeister (der dem Kommandanten unterstellte Navigator im Rang eines Deckoffiziers) wurde John Freyer, ein übellauniger Querkopf, bestellt, der ständig Widerworte fand und seinen Pflichten nicht so nachkam, wie Bligh es wünschte und wie es in der britischen Navy selbstverständlich war. Vor dem Mast segelte nach damaligen Verhältnissen seemännischer Durchschnitt. Ein paar Galgenvögel waren darunter, aber auch ehrliche Teerjacken.

William Bligh hatte Fletcher Christian selbst an Bord geholt. Sie kannten sich gut von anderen Schiffen her, und Bligh hielt Christian für einen ungewöhnlich tüchtigen Mann. Unterwegs beförderte ihn der Kommandant zum Zweiten Segelmeister und machte ihn damit zum Decksoffizier auf Zeit.

HMS *Bounty* segelte am Vortag des Heiligen Abends 1787 von Spithead-Reede ins Ungewisse, und kein Europäer sollte das Schiff je wiedersehen. Kaum waren die Segel dem Wind preisgegeben, führte der junge Kommandant entscheidende Änderungen im dienstlichen Bereich durch. So ersetzte er das in der Navy übliche Zwei-Wachen-System (vier Stunden Dienst, vier Stunden Ruhe, vier Stunden Dienst) durch ein Dreier-Schema, das jedem Freiwächter acht Stunden durchgehende Ruhe garantierte, ausgenommen in Notfällen. Damit nicht genug der Vergünstigungen: Die Kombüse wurde angehalten, jeden Morgen ein warmes Frühstück für alle Mann zuzubereiten. Das war eine revolutionäre Anordnung. Beim Nachproviantieren auf der Insel Teneriffa ließ Bligh alles verfügbare Obst und Gemüse aufkaufen und legte Wert auf frische Zitronen und Limonen. Seiner Auffassung nach war ein Kapitän, auf dessen Schiff Skorbut herrschte, sein Kommando nicht wert. Er verbot auch die grausam gehandhabte Äquatortaufe, weil sie in seinen Augen unmenschlich war.

Aber kein Licht ohne Schatten. War Bligh einerseits ein Kommandant, der sich bemühte, die Lebensbedingungen seiner Leute erträglicher zu gestalten, so blieb er doch ein hartnäckiger, oft sturer Dickkopf, unberechenbar in seinem Jähzorn. Flippte er aus, warf er mit ehrenrührigen persönlichen Bemerkungen um sich. So wuchsen mit jedem weiteren Wutausbruch an Bord die Ressentiments gegen ihn. Die Erleichterungen – die bessere Verpflegung, weniger Dienst – waren der Besatzung bald selbstverständlich, während er sie für undankbar hielt.

Alle Unliebsamkeiten waren jedoch vergessen, als die *Bounty* am 26. Oktober 1788 in der wunderschön gelegenen Matavi Bay vor Tahiti ankerte. Vor den Seeleuten breitete sich ein Paradies aus, und der Kommandant übersah geflissentlich die Affären seiner sexuell ausgehungerten Matrosen mit den liebevoll-willigen Südseeschönheiten. Solange die Männer keinen Streit mit den Eingeborenen anzettelten und genügend Brotfrucht-Triebe einsammelten, ließ er sie gewähren.

Aber wer verläßt freiwillig ein Paradies? Kein Wunder also, daß die Seeleute murrten, als die *Bounty* am 4. April 1789 Anker lichtete und die Rückreise antrat. Während die Trauminsel Tahiti unter der Kimm versank, versorgte der Botaniker David Nelson die an Bord gebrachten 3692 Brotfrucht-Schößlinge. Die Matrosen hatten Abschied von dem reichen Liebesleben auf Tahiti nehmen müssen und empfanden die nun einsetzende Bordroutine als körperliche Qual. Am nächsten Tag glaubte William Bligh, der den Schiffsproviant selbst verwaltete, daß einige Kokosnüsse fehlten. Der Kommandant machte die Offiziere dafür verantwortlich und schrie Fletcher Christian an: »Verdammt, Sie haben meine Nüsse gestohlen!«

Ruhig entgegnete der Beschuldigte, daß er auf seiner Wache eine einzige Nuß genommen und nichts dabei gefunden hätte.

»Lügnerischer Schuft! Die Hälfte hast du geklaut!«

Es war wie im Schmierentheater. Christian hatte Mühe, ruhig zu bleiben, aber er versuchte es wenigstens und fragte: »Warum behandeln Sie mich so, Sir?«

»Weil du ein verfluchter Dieb bist!«

Bligh konfiszierte alle Kokosnüsse an Bord. Danach war er wieder ganz der joviale Kommandant und ließ dem gerade erst als Dieb und Schweinehund beschimpften Christian eine Einladung zum Abendessen zukommen.

Doch der Decksoffizier war derart gekränkt, daß er Unwohlsein vorschützte, um ablehnen zu können. Noch in dieser Nacht beschloß er, das Schiff zu verlassen. War es Absicht, war es Zufall? Fest steht, daß sämtliche Unzufriedenen an Bord auf seiner Wache waren, einschließlich der sieben Matrosen, die wegen verschiedener Delikte die damals übliche Prügelstrafe erhalten hatten. Als Christian am 28. April die Morgenwache übernahm, war er jedenfalls zur Meuterei entschlossen, obwohl er wußte, was ihm blühte, wenn sie mißlang: der Tod an der Rah.

Seine Rebellion wurde dadurch begünstigt, daß die beiden kapitänstreuen Seekadetten Hayward und Hallet nicht pünktlich zur Wachübernahme an Deck erschienen. Schnell wurden Waffen an die Aufrührer verteilt. Christian selbst hatte sich ein schweres Lotblei um den Hals geschlungen, denn er wollte bei einem Mißerfolg der Meuterei den Tod im Meer suchen. In den erhalten gebliebenen Aufzeichnungen von William Bligh heißt es: »Kurz vor Sonnenaufgang kamen Fletcher Christian und der Schiffskorporal Profoß Churchill in meine Kajüte und bemächtigten sich meiner, während ich arglos schlief. Sie und andere, alle bewaffnet, banden meine Hände und drohten mir mit sofortigem Tod, sofern ich nur ein Wort sagen würde. Dennoch rief ich laut um Hilfe.«

Doch keiner kam, um Bligh beizustehen. Als er an Deck gezerrt wurde, sah er, warum Hilfe ausgeblieben war: Die ihm loyal zur Seite stehen wollten, waren allesamt am Besanmast zusammengetrieben worden. Die Proteste des Kommandanten gingen im Gelächter der Meuterer unter. Christian befahl dem Kommandanten, mit seinen Leuten in die zu Wasser gelassene Schaluppe zu steigen. Bligh weigerte sich, und sein ehemaliger Freund gab nach. Er ließ die größere und intakte Barkasse aussetzen, die groß genug war für die neunzehnköpfige Gruppe, und mißachtete die Forderung einiger Hitzköpfe, den »Kerls den Bregen aus den Köpfen zu schießen«.

Damit Bligh Land erreichen konnte, erhielt er reichlich Trinkwasser, genügend Proviant sowie ein paar Entermesser. Denn die Insel Tofua lag nur zwanzig Seemeilen entfernt. Für einen so erfahrenen Kapitän wie Bligh bedeutete sie die sichere Rettung. Doch Christian hatte Bligh unterschätzt, der nicht auf Tofua blieb, sondern sofort weitersegelte, »ohne Karten und nur im Vertrauen auf meine Erinnerung«. Zweiundvierzig Tage nach der Meuterei auf der *Bounty* erreichte Blighs offenes Boot die 3618 Seemeilen entfernte Insel Timor.

Blighs seemännische Leistung ist bewundernswert. Er navigierte ausschließlich aufgrund seines Gedächtnisses und der Erfahrung, die er bei den Reisen mit Cook gesammelt hatte. Bis auf einen Mann brachte er seine Leute lebend an Land. Das hinderte ihn freilich nicht, nach glücklicher Ankunft in Surabaja sofort ein Verfahren gegen zwei seiner Leute wegen »fortgesetzten aufsässigen Verhaltens während einer Bootsreise« anzustrengen. Mitunter hatte William Bligh mit dem Entermesser in der Hand seine verzweifelte kleine Crew in Schach halten müssen.

Die *Bounty* mit den Meuterern irrte lange Zeit in der Südsee umher, bis sie eher zufällig bei der einsam gelegenen Insel Pitcairn auf Grund lief und von Christian in Brand gesteckt wurde, damit es für die Mannschaft keinen Weg zurück nach England gab. Doch die Admiralität in London war nicht gewillt, die Meuterei und Kaperung eines ihrer Schiffe ungestraft hinzunehmen. Das hätte Schule machen können. Umgehend stachen Kriegsschiffe in See und machten sich auf die Suche nach den Rebellen im Paradies. Und sie wurden fündig – bis auf Fletcher Christians Gruppe.

An Bord des in Portsmouth liegenden Linienschiffes HMS *Duke* begann am 12. April 1792 der gut vorbereitete Kriegsgerichtsprozeß gegen die gefaßten zehn Meuterer der *Bounty*. Ob der fehlende Hauptbeschuldigte Christian unter falschem Namen in England lebte oder im Pazifik ermordet wurde, konnte das Gericht nicht klären. William Bligh ärgerte das, denn er wollte unbedingt seinen ehemaligen Freund an der Rah baumeln sehen. Fünf der Rebellen wurden zum Tode verurteilt, zwei davon in letzter Minute begnadigt. Aber für die Vollmatrosen Thomas Burkett, Thomas Allison und John Millward schlugen kurz nach neun Uhr am 19. Oktober 1792 die Trommeln zur letzten Minute.

Die Meuterei auf der *Bounty* blieb kein Einzelfall in der Geschichte der Royal Navy. Die Admiralität hatte weder aus den Vorgängen auf der *Bounty* noch aus der Französischen Revolution Lehren gezogen. Als 1797 gegen Frankreich Krieg geführt wurde, konnte der Mehrbedarf an Mannschaften nur durch Zwangsmittel gedeckt werden. Man scheute sich nicht, selbst aus den Gefängnissen Leute für die Kriegsschiffe zu holen. Eine strenge, mitunter tyrannische Disziplin mußte diese zusammengewürfelten Besatzungen in Ordnung halten, was allerdings nicht immer glückte. So beantworteten am 15. April 1797 die Besatzungen der vor Portsmouth ankernden Schiffe das Signal zum Ankerhieven mit drei höhnischen Hurras. Es war ein kollektiver Aufstand, der von innen heraus erfolgte.

Erst nach 32 Tagen konnte der Flottenchef seine Schiffe aus dem Hafen führen, als die Krone mancher Forderung der Matrosen nachgegeben hatte.

Die Stimmung in Parlament und Admiralität schlug jedoch völlig um, als unmittelbar darauf eine noch gefährlichere Meuterei in der vor der Themsemündung liegenden Nordseeflotte ausbrach. Weil den Forderungen der Meuterer nun nicht mehr entsprochen wurde, legten sie den gesamten Schiffsverkehr lahm. William Bligh wurde auf der *Director* erneut von der Besatzung seines Kommandos enthoben. Doch er zeichnete sich bei der Beilegung der Meuterei durch großes Geschick aus. So strich ein Schiff nach dem anderen schließlich die rote Flagge. Vier Wochen hatte es gedauert, bis man den Themseverkehr wieder eröffnen konnte.

Strenge Strafen wurden verhängt, doch es gärte in der Flotte weiter, bis Admiral Jervis mit einem Teil der von ihm befehligten Mittelmeerflotte erschien.

Auf der *Marlborough* weigerte sich die Mannschaft, das gerichtlich gefällte Todesurteil an einem der Rädelsführer zu vollziehen. Admiral Jervis ließ die *Marlborough* in der Mitte seiner Flotte ankern und alle Kanonen auf sie richten. Sein Befehl war kurz: »Der Mann wird morgen früh bei der Flaggenparade von Ihren Leuten gehängt!« Das Signal zur Flaggenparade kam, und in ungeheurer Spannung harrten die Besatzungen des Kommenden. Doch pünktlich mit Heißen der Flagge wurde das Urteil vollstreckt. Gelassen wandte sich der Flottenchef zu seinem Stab um: »Die Disziplin ist gerettet, meine Herren!«

Und wieder war William Bligh dabei. Er focht auch in der Seeschlacht von Kampenduin gegen die Holländer und vor Kopenhagen gegen die Dänen. Lord Nelson lobte seinen persönlichen Einsatz. Doch 1805 mußte sich Bligh vor einem Kriegsgericht verantworten. Offiziere hatten sich über ihn beschwert, weil er die Herren als Schimpansen bezeichnet hatte. Bligh, jetzt Kommandant des Linienschiffes *Warrior*, wurde von der Admiralität ermahnt, sich in Zukunft korrekt zu benehmen.

Das war einfacher gesagt als getan. Kaum hatte Bligh als

Gouverneur australischen Boden betreten, stellten ihn die einfachen Fußsoldaten unter Hausarrest. Bligh hatte es nämlich gewagt, die anrüchigen Schnapsgeschäfte der Miliz zu unterbinden. Erst ein Jahr später kam er auf Intervention der Krone wieder frei.

Erwähnt werden muß, daß Bligh noch eine zweite, diesmal erfolgreiche Brotfrucht-Expedition unternahm. Aber nicht einmal die genügsamen Sklaven in den britischen Karibik-Kolonien waren gewillt, die Brotfrüchte zu essen. So war alle Mühe umsonst gewesen: die beiden Reisen, die Meuterei, die lange qualvolle Bootsfahrt, die Hinrichtung der Rebellen.

Nach seinem bewegten Leben starb William Bligh als 64jähriger Konteradmiral friedlich in seinem Bett. Sein schlichtes Grab auf dem Kirchhof von St. Mary Lambeth ist nicht vergessen.

Zahlreiche Autoren haben jedoch dem Namen des Mannes Schaden zugefügt. Er galt als seefahrender Unhold, gezeugt auf einer Galeere, geboren unter einer Kanone. Wer seine irren, rücksichtslosen Befehle zu mißachten wagte, so wurde behauptet, lebte selten lange genug, es ein zweites Mal zu wagen. Gewiß, William Bligh war kein einfacher Mensch und hatte seine Schwächen. Aber als Offizier und Kommandant der Krone war er ein Kind seiner Zeit und in diesem Sinne ein Ehrenmann.

## Selbstjustiz auf der Brigg *L'Esperance*

1817 gehörte Altona vor den Toren Hamburgs noch zum Königreich Dänemark. Als drei Jahre darauf ein Flensburger Gericht zusammentrat, um über das Schicksal der in Ketten liegenden Männer der Altonaer Brigg *L'Esperance* zu befinden, geschah das ebenfalls auf dänischem Boden. Das Urteil entsprach in Strenge und Ausführung der damaligen Zeit: Vier Seeleute wurden auf dem Bock geköpft, und zwei landeten lebenslänglich hinter den Mauern eines Zuchthauses. Nur einer wurde freigesprochen, der Untersteuermann Johannes Lorenzen. Er hatte Glück gehabt und konnte weiter zur See fahren. Von ihm wissen wir, was damals auf der Brigg geschah, die am 28. Oktober 1817 die Elbe verlassen hatte. Es ist eine grausame, sicher nicht alltägliche Story, aber lassen wir den ehemaligen Untersteuermann zu Wort kommen:

»Jens Nilsen Holst, Eigner und Schiffer der kleinen schmukken Brigg *L'Esperance*, war kein Schmuckstück seiner Kaste und mehr als nur ein Rauhbein, womit die Erde so reichlich gesegnet ist. Schon seine urwüchsige Gestalt wirkte bedrohlich, und wenn er mit seiner Faust zulangte, wuchs an der Stelle für lange Zeit kein Gras mehr. Was ihn unerträglich machte, war aber nicht seine Kraft, die hätte bei den einfachen Seeleuten eher Respekt ausgelöst, sondern eine ihm angeborene Brutalität. Sein Sohn Nils, der als Obersteuermann mitfuhr, war aus demselben Holz geschnitzt.

Wer auf der *L'Esperance* anmusterte, wußte, was ihn erwartete. Trotzdem fanden sich immer wieder Leute, die es auf die Brigg trieb, mich eingeschlossen. Ich hielt die über Holst erzählten Geschichten in den Hafenkneipen nicht gerade für Seemannsgarn, aber doch für übertrieben. Außerdem war die Brigg ein Schmuckstück und segelte so leicht wie eine Wolke im Sturm. Das ist schwer einem Menschen verständlich zu machen, der nie zur See gefahren ist. Jedenfalls, wir hatten keine Angst vor dem Schiffer. Mochte er doch herumschreien und toben, wenn es ihn danach gelüstete. Warum sollte ein Kapitän auch keine Macken haben?

Wir hatten gerade die Segel gesetzt, als es den ersten Krach gab. Es war nichts Ungewöhnliches, wenn ein Vorgesetzter die Gelegenheit beim Schopf packte, um seine Autorität zu beweisen. Jeder wußte dann, woher der Wind blies. Diese Auseinandersetzung aber ging darüber hinaus. Mathias Kuhlmann, er war mit seinen 22 Jahren schon ein ausgewachsener Matrose, stand an Deck und freute sich über die *L'Esperance*, was soviel wie Hoffnung heißt, weil sie so leicht über das Wasser flog, obwohl noch nicht alle Segel im Winde standen. Aber den Schiffer störte sein Verhalten. Er brüllte ihn an, daß die Masten bebten. Als seine Worte ohne Gegenrede hingenommen wurden, warf er dem Matrosen einen Knüppel ins Kreuz. Die lange Narbe auf seiner linken Wange lief blutrot an, ein deutliches Zeichen für seine Wut. Keine Stunde später geriet Holst an den Matrosen Widow. Als der nicht Platz machte, gab er ihm einen Stoß, der ihn von den Beinen warf. Das alles geschah, bevor die Brigg Cuxhaven passiert hatte. Schon bereute ich, meine Füße auf das Deck der *L'Esperance* gesetzt zu haben. Doch nun war es zu spät. Das Schicksal nahm seinen Lauf.

Die Reise nach Messina kam dem Schiffer gerade recht, denn beim ersten Eisgang auf der Elbe gab es sonst für die hölzernen Segler nichts anderes zu tun, als das Frühjahr abzuwarten. Der Lotse befand sich noch an Bord, als Joachim von Ehren das Ruder an eben jenen Matrosen Widow übergab, der kurz zuvor vom Alten umgestoßen worden war. Nun stand Widow am Ruder. Wir liefen vor dem Wind, die kurzen Seen trugen weiße Kämme, die Brigg gierte leicht, was nur natürlich war. Doch Holst war auf Streit aus. Er griff nach einem Knüppel und schlug auf den Rudergänger ein, weil das Schiff einen halben Strich vom Kurs abgekommen war.

Widow ließ das Ruder nicht los. Ich denke, der Schuft von Kapitän hatte fest damit gerechnet, damit er einen neuen Grund bekam, den Matrosen zu bestrafen. Der aber klammerte sich am Rad fest und ließ sich nicht beirren. Der Lotse war es, der den Alten aufforderte, den Mann in Ruhe zu lassen; er könne nicht besser steuern. Das waren Worte, die den Schiffer erst recht erbosten. Er ließ Widow ablösen. Bald darauf kam die Lotsengaliot längsseits, und der Pilot verließ unser Schiff, ohne sich vom Alten zu verabschieden.

Die Insel Helgoland lag in Luv, als der Wind abflaute und schließlich ganz einschlief. Zwei Stunden mochten vergangen sein, als es plötzlich aus Osten zu wehen begann. Die Brigg fing an zu laufen und legte sich auf die Seite, so daß wir die Segel reffen mußten. Es war kalt an Deck, der Himmel bezog sich, und bald schneite es dicke Flocken. Ich hatte die Wache, aber was hieß das schon auf der *L'Esperance*? Der Schiffer selbst lebte mehr an als unter Deck. Nils Hinrichsen hatte das Ruder übernommen. Es dauerte keine fünf Minuten, als er einen Schlag mit dem Tampen bekam, und weil das Schiff nicht sofort danach auf Kurs lag, schlug ihn der Alte erneut. Der nicht weit entfernt an einem Want stehende Zimmermann Utterberg mischte sich ein und forderte den Kapitän auf, den Mann nicht zu schlagen, solange er am Ruder stünde. Aber genau diese Situation nutzte der Schinder ja aus.

Zunächst brüllte Holst den Zimmermann an, verbat sich dessen Einmischung und trug seinen Namen wegen Widerrede ins Journal ein. Das war eine böse Sache für den Zimmermann. Als Holst nach der Eintragung wieder an Deck erschien, brüllte er den Zimmermann an: »Einer von uns beiden ist zuviel auf diesem Schiff!«

Jens Janssen Utterberg verzog keine Miene. Er kannte dieses Spiel und wußte, daß der Alte Angst vor ihm hatte, denn Utterberg hatte ebenfalls ein Kreuz wie eine Saling, und das Messer steckte lose in seinem Gürtel. Noch einmal, am Tag darauf, versuchte Holst, den Zimmermann einzuschüchtern. Plötzlich standen sich die beiden drohend gegenüber. Ich habe den Anlaß nicht bemerkt, hörte aber Utterberg sagen: »Faßt mich nicht an, Kapitän, sonst kostet es ein Leben!« Er hatte das nicht laut gesagt, nur so, aber die Wirkung war groß. Der Alte wandte sich ab wie ein geprügelter Hund, ich sehe noch seine blutrot gefärbte Narbe im Gesicht.

Seinen Zorn reagierte er an den Schwachen ab, an Widow und Hinrichsen. Ich hätte einschreiten müssen, ich weiß, aber ich verhielt mich loyal gegenüber dem Schiffsführer. Das konnte er von mir erwarten. Angst hatte ich nicht vor ihm, aber er war mir unheimlich. So steuerte alles auf eine Katastrophe zu.

Noch lag der Englische Kanal nicht hinter uns, als der nächste Streit ausbrach. Diesmal ging es um den Proviant. Und sie hatten recht, die Leute, denn wir waren noch nicht lange unterwegs und doch wurden sie nicht satt, was man vom Alten und seinem Sohn nicht sagen konnte. Für die beiden mußte der Koch separat auftischen. Für ein kleines Schiff wie unsere Brigg galt, daß alle Mann gemeinsam das Essen einnahmen; nicht so auf der *L'Esperance*.

Ein Mensch wie Holst hatte sein Ohr überall, und so war ihm nicht entgangen, daß nach dem Mittagsmahl noch Brot verlangt wurde. Es hatte graue Erbsen mit wenig Speck gegeben. Ich sehe das noch heute vor mir, wie die Leute die Löffel ableckten und fragend den Smutje anblickten. Der aber zuckte nur mit den Schultern. Er hätte ihnen gern mehr gegeben, durfte aber nicht. Der Alte selbst teilte auf unserem Schiff den Proviant zu, und er hatte eine merkwürdige Waage. Keiner hat ihn jemals wiegen gesehen, alles ging bei ihm nach Augenmaß und Handgewicht ab.

Wie ein Irrer stürzte er in die Messe, mit einem Tampen in der Hand, und schlug wahllos auf die Köpfe der Leute ein: »Brot wollt ihr haben? Hier habt ihr Prügel als Vorschuß!« Einer der Schläge traf auch den Zimmermann, und damit stieß er das Tor zur Hölle auf. Was weiter geschah, habe ich nicht gesehen, das wurde mir später berichtet, aber ich zweifle nicht, daß es sich so abgespielt hat.

Joachim von Ehren hatte sich bislang bei den Streitereien zurückgehalten, er war einer jener seltenen Matrosen mit zwei geschickten Händen und einem Blick fürs Wesentliche. Nichts entging ihm, er wäre ein guter Kapitän geworden, doch dazu sollte es nicht kommen. Zum ersten Mal mischte er sich in eine Auseinandersetzung ein und brüllte den Schiffer an. Als das nichts half, sprang er ihn an und umklammerte seinen Kopf. Der neben ihm stehende Zimmermann griff helfend ein und zog dem Alten die Beine weg. Alle drei stürzten.

Nun gab es kein Zurück mehr für die beiden Seeleute, der Angriff auf den Schiffer hätte sie so oder so den Kopf gekostet. Sie schleiften den Alten zur Reling. Um ihn ins Wasser zu werfen, waren sie zu schwach, aber da kamen andere dazu und halfen. Erst als es klatschte, waren sie zufrieden und lachten laut auf, als der Schinder um Hilfe rief. Sie hatten das nicht vorgehabt, es hatte sich so ergeben, aber es war Meuterei und Mord.

Als Holsts Sohn, durch das Freudengeheul wachgeworden, an Deck erschien, um nach dem Rechten zu sehen, blieb ihnen, so dachten sie, keine andere Wahl, als auch ihn über Bord zu werfen. Für sie war das kein Mord, sondern eine Art Gottesgericht.

Als die Männer vor mir standen, hatten sie entschlossene Gesichter. Sie fragten mich, ob ich bereit wäre, das Schiff dorthin zu bringen, wohin sie es dirigieren würden. Ich sagte zu, machte ihnen aber klar, daß ich nicht bereit war, mit ihnen zu paktieren. Damit gaben sie sich zufrieden. Sie wollten nicht ins Mittelmeer segeln, sondern irgendwo in Holland an Land gesetzt werden. Also wendeten wir und segelten zurück.

Auffallend war die Ruhe an Bord. Ich spürte, daß die Leute immer nachdenklicher wurden. Vielleicht ahnten sie ihr Schicksal. Obwohl ich das Verhalten der Seeleute irgendwie billigte, stand für mich fest, daß ich die Brigg nicht den Meuterern überlassen würde. Zum Glück für mich verstand keiner genügend von Navigation, um mich wirklich überwachen zu können. So brachte ich die *L'Esperance* in britische Gewässer und deckte dort, geschützt von den Behörden, das Komplott auf. Alle wurden in Ketten gelegt, und zwei Monate später brachte uns ein kleines Kriegsschiff nach Flensburg.

Ein Jahr danach begann der Prozeß. Die Männer bezeichneten nach wie vor den alten Holst als Ungeheuer, doch das half ihnen nicht viel. Mich selbst hatte man ebenso angeklagt wie den kleinen Kajütsjungen. Doch dem Gericht gelang es nicht, mich in das Komplott einzubeziehen. Das galt auch für den Kajütsjungen. Das Urteil ist bekannt. Es gäbe nicht mehr viel zu sagen, wenn nicht das Ende wäre. Die Verurteilten wurden am 17. Oktober 1820 hingerichtet. Der aus Rendsburg angereiste Scharfrichter vollzog das Urteil. Danach fuhr er mit der Kutsche zurück und übernachtete unterwegs in einer Herberge. Als der Wirt ihn morgens wecken wollte, fand er ihn tot im Bett.«

Bleibt nur noch nachzutragen, daß Johannes Lorenzen später Elblotse wurde und in hohem Alter starb.

## Wenn der Kapitän irrsinnig wird...

1858 schrieb der in Lübeck lebende, lange Zeit als Reeder tätige Philipp Kniest die Erzählung »Der verrückte Kapitän«. Es geht darin um Kapitän Gräpel, der mit der *Amicita* nach Batavia segeln wollte. Unterwegs geriet das Schiff in schwere Seenot und drohte unterzugehen. So sah es die Mannschaft. Der Kapitän aber bot seine ganze Überzeugungskraft auf, um die Männer zum Bleiben zu bewegen. Vergeblich, die Crew ging ins Rettungsboot, und Kapitän Gräpel blieb allein zurück an Bord. Nach längerer Zeit wurde er von den Männern eines vorbeiziehenden Seglers gefunden. Er lag still in seiner Koje und hatte sich mit der Flagge zugedeckt. Von seiner Mannschaft aber wurde keiner mehr gesehen. Die See hatte sie zu sich genommen.

Gräpel war, wie es bei Kniest heißt, ein ruhiger, angenehmer Zeitgenosse und bei den Schwestern im Krankenhaus beliebt. Ein Sonnenstich hätte ihn verrückt gemacht, behauptete er. Und so mag es wohl auch gewesen sein.

Dreißig Jahre zuvor befand sich die englische Brigg *Mary Russel* unter Führung des betagten Kapitäns William Stewart auf der Heimreise von Barbados nach Cork. Eine Brigg dieser Größe kam mit einem Dutzend Seeleuten aus, sie lag leicht auf dem Ruder und ließ sich gut handhaben. Wenn einer von der Besatzung einschließlich des Steuermanns, der im Achterschiff untergebracht war, eine Charakterbeschreibung des Kapitäns hätte abgeben müssen, wäre sie auf jeden Fall bis zu dem Unglückstag positiv ausgefallen. Stewart hatte seine Macken, aber davon war niemand frei, und sie fanden nichts dabei, wenn er stundenlang am Heck stand und gedankenschwer ins Kielwasser schaute. Vielleicht hatte er private Sorgen. Mit wem auch hätte er an Bord über seine Probleme sprechen können? Kapitäne leben einsam.

Seine Leute behandelte William Stewart nicht besser oder schlechter als andere Kapitäne seiner Zeit. Wenn es sich regeln ließ, wurden auf der Abendwache die oberen Segel weggenommen, damit die Männer der Freiwache durchschlafen konnten. So handelte nicht jeder Schiffsführer. Das Essen hätte zwar besser und abwechslungsreicher sein können, aber Seeleute waren nicht verwöhnt. War ein Schiff wesentlich länger als geplant unterwegs, mußte zwangsläufig gespart werden, und Smutje Schmalhans wurde Küchenchef. Auch das Trinkwasser wurde zugeteilt. Doch war ein Sturm glücklich überstanden, stellte sich der Alte selbst mit der Flasche an den Mast und schenkte jedem ein Glas besten Rum ein. Dann leuchtete vor Vergnügen sein roter Bart, und die kleinen Augen funkelten. Er selbst war alles andere als ein Alkoholgegner. Nein, das konnte man von ihm nicht behaupten.

Auf jedem Windjammer auf großer Fahrt gab es Tage, die ungewöhnlich verliefen, an denen nichts so klappte, wie es sollte. Mal lag es an der brütenden Hitze, mal an der beißenden Kälte, mal am übel riechenden Essen oder am trüben Trinkwasser. Gab es keinen Krümel mehr, den man sich in die Pfeife stopfen konnte, herrschte gereizte Stimmung. Ein falscher Ton, und schon wurde erbärmlich geflucht und geschrien, es flogen die Fäuste. Im nachhinein wußte dann keiner mehr richtig den Anlaß, der Streit war vorbei wie begonnen, und damit hatte es sich.

Genauso war es an dem Tag, an dem das Unheil über die ruhig dahinsegelnde Brigg *Mary Russel* hereinbrach. Plötzlich war an Bord die Hölle los. Zunächst hatte der Alte die Segel so weit bergen lassen, daß er auch bei stärkstem Wind das Schiff allein segeln konnte. Diese Maßnahme war ungewöhnlich. Was sollte der Quatsch? fragten sich die Matrosen, doch sie gehorchten, denn er war schließlich der Kapitän. Keiner bemerkte die kleinen Irrlichter in seinen Augen. Anschließend legte Stewart die gesamte Besatzung in Fesseln mitsamt dem jungen Steuermann, der seine erste Reise mit ihm machte.

Die neun gefesselten Matrosen und vier Schiffsjungen bekamen es mit der Angst zu tun, denn der Alte war nicht wiederzuerkennen. Der helle Wahnsinn stand ihm ins Gesicht geschrieben. Statt sich ruhig zu verhalten, brüllten und heulten die am Boden liegenden Leute wild durcheinander. Ein paar Matrosen schworen fürchterliche Rache, aber was sie auch schrien, ihre Worte erreichten den Kapitän nicht. Hilfe war nicht zu erwarten.

Sie schöpften Hoffnung, als er die Kajüte verließ, stürzten aber in tiefe Verzweiflung, als er mit einer Brechstange in Händen zurückkehrte. Er schlug auf die wehrlos am Boden sich Windenden ein, bis sich keiner mehr rührte. Sieben waren wirklich tot, aber zwei nur verletzt: der Steuermann durch eine Harpune und ein Matrose durch einen abgefälschten Schlag. Sie blieben ruhig und rührten sich nicht, solange der Alte im Raum war. Als sie hörten, daß er oben an Deck unruhig hin- und herlief, konnten sie sich der Fesseln entledigen und versteckten sich, ohne daß der wahnsinnig gewordene Schiffsführer es merkte.

Die kleine Brigg wäre mit großer Wahrscheinlichkeit in der Weite des Ozeans verschwunden und mit ihr die grausame Tat vergessen worden, hätte sich nicht der Steuermann aufgerappelt und den Kapitän im Schlaf überwältigt. Mit Hilfe des genesenen Matrosen brachte er die *Mary Russel* heim nach England: eine seemännische Meisterleistung, die von den Reedern belohnt wurde. Ein irischer Gerichtshof entschied über das Schicksal des Kapitäns, der sich an nichts erinnern konnte. Er starb zwanzig Jahre später als friedlicher, reuiger Insasse einer Irrenanstalt.

Wie schrieb noch Philipp Kniest über das Ende von Kapitän Gräpel vom Segler *Amicita*? »Als er (Gräpel) im Bett lag, ließ er mich kommen. Er erfaßte meine Hände, drückte sie, und indem er mich ganz eigentümlich anblickte, sagte er: ›Mamsell, ick bün nich' mehr verrückt; ick weet allens.‹ Und dann begann er von seiner letzten Fahrt zu erzählen. Der Arzt erklärte sein Ende für nahe. Es geschehe ja öfter, daß bei Geisteskranken vor dem Tod die gestörten seelischen Kräfte sich noch einmal erholten, daß der Zauber, der sie gebannt halte, plötzlich schwinde. So war's auch bei Kapitän Gräpel.«

Ob sich auch Kapitän William Stewart in seiner letzten Stunde an den Schreckenstag auf der *Mary Russel* erinnerte, weiß keiner. Hoffentlich nicht.

# Eine vorsorgliche Hinrichtung

Vor einigen Jahren entdeckten amerikanische Forscher nur wenige Meilen vor Vera Cruz, an der Küste des Golfs von Mexiko das Wrack der Kriegsbrigg *Sommers*, auf der sich 1842 der einzige bekannt gewordene Meutereiversuch in der Geschichte der US-Marine abgespielt hat. Der 32 Meter lange Zweimaster war am 8. Dezember 1846 während des mexikanisch-amerikanischen Krieges in einer plötzlich einsetzenden Bö gekentert und gesunken. Bei diesem Unfall kamen 32 Seeleute ums Leben. Die Schuldfrage blieb offen. Es war eben höhere Gewalt, wie es damals oft hieß, wenn die Untersuchungsrichter nicht weiter wußten. Die Entdeckung des Wracks wurde längere Zeit geheimgehalten, um der Navy sowie den amerikanischen und mexikanischen Behörden Gelegenheit zu geben, den Fund ungestört zu erforschen. Aber viel war von dem hölzernen Schiff nicht mehr erhalten, und zu heben gab es auch nichts. Das Meer behielt sein Geheimnis für sich.

Die Brigg *Sommers* hatte einst großes Aufsehen erregt, weil der Sohn eines Regierungsmitglieds an Bord in eine Meuterei verwickelt war. Zwei der bekanntesten Schriftsteller jener Zeit, James Fenimore Cooper und Richard Henry Dana, machten sich in den kontrovers geführten Auseinandersetzungen zu Wortführern der sich heftig befehdenden Parteien, während ein anderer Großer, Hermann Melville, sich aus den Debatten heraushielt. Er verarbeitete das Thema literarisch und schrieb die Erzählung »Billy Budd«.

Billy Budd war völlig unschuldig und wurde trotzdem an der Topprah gehängt. Was sich aber an Bord der Brigg *Sommers* abspielte, sah ganz anders aus.

Als Fregattenkapitän Alexander Slidell Mackenzie, Kommandant der Kriegsbrigg *Sommers*, am 14. Dezember 1842 sein Schiff in den Hafen von New York führte, lagen zwölf seiner Seesoldaten in Eisen. Drei weitere lebten nicht mehr, sie waren auf See verurteilt und gleich darauf gehängt worden. Einer von ihnen war der Kadett Philip Spencer, ein Sohn von John C. Spencer, Kriegsminister unter Präsident Tyler. Bei den anderen handelte es sich um den erfahrenen Bootsmannsmaat Samuel und den Vollmatrosen Small.

Meuterei auf einem amerikanischen Kriegsschiff? Das mußte zwangsläufig Aufsehen im Land erregen. Der ehemalige Kriegsminister Spencer hatte einflußreiche Freunde bei einem Teil der Presse und wußte diese Verbindungen auch zu nutzen. Bald ging es nicht mehr um die toten Meuterer, sondern um den Kommandanten der Brigg.

Bei einer Kriegsgerichtsverhandlung – der US Navy blieb keine andere Wahl, als Fregattenkapitän Mackenzie vor ein Tribunal zu zitieren – stellte sich heraus, daß Philip Spencer alles andere als ein Waisenknabe gewesen war. Von den Offizieren wurde der neunzehnjährige Seekadett als Halbstarker mit üblen Manieren geschildert, als jugendlicher Krimineller, der unter der Besatzung eine Meuterei angezettelt hatte. Der verwöhnte Sohn des Politikers hatte sich angeblich ein herrliches Vagabundenleben auf See vorgestellt, mit ein bißchen Raub zum Zeitvertreib, mit Brandschatzung und Piraterie, wobei er sich ein besonderes Vergnügen davon versprach, hübsche Südseemädchen um der Kurzweil willen mitzunehmen. Solche Reden gefielen seinen simplen Kameraden ausgesprochen gut. Auf ihre Einwände, daß der Kapitän nicht einverstanden sein würde, hatte Philip Spencer nur nachsichtig gelacht. »Dann müssen wir unsere Offiziere eben umbringen, jedenfalls solche, die nicht mitmachen wollen. Danach haben wir freie Bahn, und das Leben gehört uns, Kameraden!«

Nicht alle im Schlafraum waren seiner Meinung, und zu ihnen gehörte der Steward des Zahlmeisters. Er hielt das Gerede zwar für ein jugendliches Hirngespinst und Spencer für einen Aufschneider, aber er unterrichtete seine Vorgesetzten von den nächtlichen Gesprächen, die eines angehenden Marineoffiziers nicht würdig waren. Zunächst nahm auch der Fregattenkapitän das Komplott nicht ernst, trotzdem ließ er den Seekadetten in Eisen legen. Es kümmerte ihn nicht, daß der Festgesetzte der Sohn eines bekannten amerikanischen Politikers war.

So vergingen mehrere Tage, und nichts Ungewöhnliches geschah. Die Mannschaft der Brigg verhielt sich vorbildlich. Es gab natürlich ein paar junge Leute, die sich besonders zu dem in Ketten liegenden Philip Spencer hingezogen fühlten, doch an eine wirkliche Meuterei hatten sie ernsthaft nie gedacht.

Der Kommandant und seine Offiziere hatten die Lage im Griff, trotzdem wälzte sich Mackenzie unruhig in seiner Koje und fürchtete Unheil. Das energische Durchgreifen des Kommandanten hatte die Mannschaft verunsichert. Tauchte er auf, verstummten sofort alle Gespräche. Das mußte etwas Bedrohliches für ihn gehabt haben, denn bald war er davon überzeugt, daß ein fürchterliches Verbrechen bevorstand. Ohne den Schiffsrat zusammenzurufen, ließ er auch die beiden Freunde des Seekadetten Spencer, Samuel Cromwell und Elisha Small, in Ketten legen.

Je mehr Leute er aber einsperren ließ, desto größer wurde seine Furcht vor einer offenen Meuterei an Bord. Zwei Tage später ließ er zwölf Seesoldaten festsetzen. Damit waren alle Mann hinter Schloß und Riegel, mit denen Philip Spencer engeren Kontakt gepflegt hatte. Statt seine Gefangenen an Land zu bringen – die Brigg war erst drei Tage unterwegs, und die Antilleninsel Charlotte Amalie lag keine 300 Seemeilen entfernt –, ließ Mackenzie ein Scheinkriegsgericht zusammentreten: vier Offiziere und drei Seekadetten. Es gab keine Geständnisse, keine Beweise, und nicht alle Mitglieder der Jury waren von einer geplanten Meuterei überzeugt. Doch der Kommandant beharrte auf einem strengen Urteil. Die Debatte wurde weitgehend von ihm bestimmt. Schließlich empfahl der Schiffsrat die vom Kommandanten erwartete Todesstrafe für die drei seiner Meinung nach Hauptschuldigen.

Fünf Tage nach der Inhaftierung wurde die gesamte Besatzung kurz nach Sonnenaufgang zusammengerufen, um der Urteilsvollstreckung beizuwohnen. Leicht wehte der Wind, ein blauer Himmel stülpte sich wie eine riesige Glocke über das einsam dahinziehende Schiff. In Paradeuniform stand der Kommandant vor seinen ernst blickenden Offizieren. Einige der jungen Leute weinten, als die drei Verurteilten an Deck gebracht wurden. Der Seekadett Philip Spencer wurde seinem Rang entsprechend an einer Rahnock auf Steuerbordseite gehängt, die beiden einfachen Seeleute auf der Backbordseite, so wie es die Vorschriften verfügten. Trommelwirbel begleiteten ihre letzten Atemzüge.

Fregattenkapitän A. M. Mackenzie hatte drei seiner Leute mitten im Frieden hinrichten lassen. Nun herrschte Ruhe an Bord, aber eine, die betroffen machte. Und je näher die Küste kam, desto unsicherer wirkte der Kommandant, als ahnte er, was auf ihn zukam. Die zwölf Seesoldaten, die er in Eisen hatte legen lassen, wurden freigelassen, kaum daß die Brigg festgemacht hatte. Das reichte aber nicht aus, um die Presse zu beruhigen. A. M. Mackenzie mußte sich vor einem Kriegsgericht verantworten. Er wurde zwar freigesprochen, doch seine Vorgesetzten ließen durchblicken, daß sie sein hartes Urteil nicht billigten. Die Brigg hatte sich nicht in kriegerischem Einsatz befunden und war auch sonst nicht in Gefahr gewesen. Die angeblichen Rädelsführer einer möglichen Meuterei hätten leicht an Land zur Aburteilung gebracht werden können.

Doch für Philip Spencer und seine beiden Kameraden kam diese Erkenntnis zu spät.

# Mord bleibt Mord

Unweit der Tower Bridge saßen die fünf dienstältesten Richter der Queen's Bench Division zusammen, um Recht zu sprechen über Kapitän Dudley und den Steuermann Stephens von der Yacht *Mignonette*. Man schrieb das Jahr 1885, und die ehrenwerten Richter hoben die weißgepuderten Köpfe, als Lord Coleridge als Einführung in die Beweisaufnahme zu bedenken gab: »Wir haben es hier mit einem Fall nichtdienstlicher Tötung zu tun, also nicht mit einer, die Männern im Dienst ihres Souveräns auferlegt worden ist. Obgleich Recht und Moral nicht dasselbe sind, würde eine Trennung dieser beiden Wertvorstellungen verhängnisvolle Folgen für die Rechtsprechung nach sich ziehen. Der Krieg ist reich an Fällen, in denen es des Mannes Pflicht ist, nicht zu leben, sondern zu sterben. Das ist hier aber nicht der Fall. Keiner hat die vier Männer im Rettungsboot bedroht, es sei denn der Hunger. Aber rechtfertigt das wirklich einen Mord?«

Die Beweisaufnahme war nicht schwer, denn die beiden Angeklagten waren geständig und beschönigten nichts. Sie beriefen sich darauf, in Notwehr getötet zu haben.

Die erfahrenen Richter hatten so manchen Kriminalfall mit einem Todesurteil abgeschlossen. Vor ihrer Tribüne standen sonst Mörder, Totschläger, Wegelagerer, Diebe, Meuterer und anderes Gesindel. Für alle diese Schandtaten gab es festgesetzte Strafen. Auf Mord stand der Tod, und allen Bürgern schien das die gerechteste Lösung zu sein. Vergeblich hatten die fünf Richter jedoch in ihren Gesetzbüchern nach dem Strafbegriff Kannibalismus gesucht. Aber über einen solchen Fall sollten sie nun Recht sprechen.

Dieser Prozeß würde in die englische Rechtsprechung eingehen, auch wenn die Richter an einen Präzedenzfall nicht glauben mochten; zu einmalig schien ihnen die Tat. Kannibalismus war ihnen vom Thema her nicht fremd. In der Neuen Welt gab es wilde Völkerstämme, die ihre Feinde töteten, um sie zu essen. Die Richter kannten auch aus ihrer Jugendzeit Robinson Crusoes Erlebnisse auf einer einsamen Insel und seinen schwarzen Freund Freitag, den er aus den Händen von Kannibalen gerettet hatte. Doch die Literatur half ihnen nicht weiter, auch nicht die Erkenntnis, daß im Mittelalter ähnliche Vorfälle selbst im christlichen Abendland vorgekommen waren. Damals genügte schon der Verdacht, um die Angeschuldigten auf den Scheiterhaufen zu bringen, ohne Prozeß und ohne Urteil.

Doch in London saßen vor den Richtern zwei kräftige Seeleute im besten Mannesalter und gaben zu, einen Schiffsjungen getötet zu haben, um nicht an Hunger sterben zu müssen. Für die Presse war das eine Sensation, es gab viele Ankläger und viele Verteidiger. Das machte den Fall für die Justiz nicht leichter, und die Richter der Queen's Bench Division ließen sich deshalb bei der Urteilsfindung Zeit. Sie wollten Recht sprechen, keine Rache üben. Aber keiner von ihnen war in jenen schrecklichen Tagen mit den Angeklagten zusammen im Rettungsboot gewesen.

Am 5. Juli 1884 war die Yacht *Mignonette* in einen schrecklichen Sturm mit hohem Seegang geraten. Das Schiff segelte 1600 Seemeilen vom Kap der guten Hoffnung entfernt nach Norden, auf der Heimreise nach England, als ein Brecher das Ruder wegriß. Das einströmende Wasser konnte nicht mehr gelenzt werden, die Yacht war verloren. Aber noch hatten die Schiffbrüchigen ein stabiles Rettungsboot. Die Crew bestand aus Kapitän, Steuermann, dem siebzehnjährigen Schiffsjungen Peter Parker und einem Mitsegler namens Harry Brooks.

Die Yacht war sehr schnell unter ihren Füßen weggesackt, so daß sie nur wenige Lebensmittel ins Boot hatten schaffen können. Außer zwei Ein-Pfund-Dosen mit Rüben und einem Kanten Brot, die der Steuermann beim Verlassen der Yacht an sich raffte, besaßen sie keine Vorräte, auch kein Wasser. Drei Tage lang lebten sie davon, am vierten Tag hatten sie Glück und fingen eine Schildkröte. Sie war klein, half ihnen aber über den schlimmsten Hunger hinweg. An das rohe Fleisch gewöhnten sie sich schneller als gedacht. Als die Schildkröte verzehrt war, gab es acht Tage lang keinen Bissen. Wenn es regnete, fingen sie das Wasser mit ihren Mänteln auf, hatten aber keinen Behälter, um es speichern zu können.

Am zwanzigsten Tag nach dem Schiffbruch war die Stimmung im Boot verzweifelt. Fünf Tage lang hatten sie kein Wasser mehr getrunken, sie wußten nicht mehr, was schlimmer zu ertragen war, Durst oder Hunger. Um sich herum sahen sie nur die grenzenlose Weite des Ozeans und einen hohen Himmel, aber kein anderes Segel. Nur ein Zufall hätte sie retten können.

Kapitän James Dudley und sein nicht minder harter Steuermann Stephens waren sich ohne viele Worte einig, daß einer geopfert werden mußte, damit die anderen eine Chance hatten. An sich selbst dachten sie dabei nicht, sie wurden ja gebraucht, um das Boot zu führen. Als sie Harry Brooks von dieser Lösung unterrichteten, wies er sie entschieden zurück. Der Schiffsjunge wurde gar nicht erst befragt. Zwar sprach der Kapitän von einer Losziehung, bei der es jeden hätte treffen können, doch es blieb beim Plan, denn Kapitän und Steuermann hatten das Opfer längst bestimmt. Brooks sprach sich auch gegen eine Losziehung aus, denn er argwöhnte, daß die Seeleute ihn umbringen wollten.

Es kam zu einer längeren gereizten Aussprache. Keiner erwähnte das Wort Kannibalismus, aber es geisterte durch alle Köpfe. Jeder der drei Männer hatte daheim eine Familie, die versorgt sein wollte. Also blieb nur der Schiffsjunge übrig, der hilflos und schon aufs äußerste geschwächt im Boot mehr lag als saß. Er hatte unbedacht Seewasser getrunken, und das war ihm übel bekommen. Dudley beschloß, noch einen Tag zu warten, sollte dann immer noch kein Schiff in Sicht sein, mußte der Junge sterben.

Noch vierundzwanzig Stunden!

Brooks wandte sich erneut gegen den Plan. Er hatte begründete Furcht, der nächste zu sein, der daran glauben mußte. Der Alte gab ihm den Rat, lieber zu schlafen, wenn es denn soweit wäre.

Brooks tat in der Nacht kein Auge zu. Der Rat zu schlafen

gab ihm zu denken. Was, wenn das mit dem Jungen nur vorgetäuscht war, wenn sie nur darauf warteten, daß er die Augen schloß? Rot wie ein Feuerball sprang die Sonne über den Horizont, denn nur kurz ist die Morgendämmerung in den Tropen. Ein schöner Tag brach an. Blau war der Himmel, blau leuchtete die See. Das Boot wiegte sich in einer langgezogenen Dünung. Brooks' Augen suchten die See nach Schiffen ab, aber nichts war zu sehen, nur Wasser, Wasser und ein strahlend blauer Himmel. Es war kein Tag zum Sterben. Brooks betete, zunächst still für sich, dann bewegten sich seine Lippen, und schließlich sprach er aus, was in ihm vorging: »Gott im Himmel, warum siehst du nicht, in welcher Gefahr wir sind?«

Seine laute Frage hatte den Jungen aus seinem Dämmerzustand gerissen. Der Kapitän wirkte angespannt und fluchte, beschimpfte Brooks und nannte ihn einen verdammten Narren. Dann griff er zum Messer, rutschte zu dem Schiffsjungen hin und sagte: »Deine Zeit ist gekommen!«

Damit stieß er ihm das Messer in die Gurgel.

Brooks sackte auf der Ducht in sich zusammen, er dachte, die Welt müsse nun zusammenstürzen. Doch nichts geschah, fast lautlos starb der junge Mensch an seiner Seite. Danach regierte nur noch der Hunger an Bord. Vier Tage lang ernährten sich die drei Männer im Boot von dem Getöteten. Dann wurden sie von einem Segler eher zufällig entdeckt und an Bord genommen. Sie erholten sich rasch.

Obwohl keiner den getöteten Jungen erwähnte, blieben Mord und Kannibalismus dem Kapitän des Schiffes nicht verborgen, denn die Schiffbrüchigen waren so entkräftet gewesen, daß keiner die Spuren der grausamen Tat im Boot beseitigt hatte. Das wurde ihnen zum Verhängnis. Der Kapitän berichtete in England darüber, und die drei von der *Mignonette* wurden verhaftet.

Das Interesse an dieser Tat auf hoher See war groß. Wissenschaftler wurden eingeschaltet und bestätigten, daß die drei Überlebenden mit großer Wahrscheinlichkeit gestorben wären, wenn sie den Jungen nicht getötet und verzehrt hätten. Die

Rechtslage war so kompliziert und voller Fallstricke, daß die Geschworenen überfordert waren und es dem Gerichtshof anheimstellten, ein gerechtes Urteil zu fällen. Sie sahen sich dazu nicht imstande.

Lord Coleridge brachte es auf den Punkt, als er feststellte: »Es ist nicht richtig, daß es eine unbedingte und uneingeschränkte Notwendigkeit gibt, das eigene Leben zu retten. Es ist auch nicht nötig, hier die furchtbare Gefahr darzulegen, wenn man den Grundsatz anerkennt, für den wir ein Leben lang als Richter plädiert haben. Wer sollte der Richter sein über diese Art von Notstand? Mit welchem Maßstab sollte der Wert verschiedener Menschenleben gemessen werden?« Er schloß seinen Beitrag mit einem Zitat: »Der Böse sprach's, und nach Tyrannenart deckt er mit Notstand seine Teufelstaten.«

Die Richter der Queen's Bench Division waren keine Racheengel. In ihrem Urteil heißt es am Schluß der Begründung: »Es ist deshalb unsere Pflicht zu erklären, daß die Tat der Angeklagten willentlicher Mord war, und daß die Umstände, die in dem Verdikt festgestellt sind, keine gesetzliche Rechtfertigung darstellen.«

Beide, Kapitän Dudley und sein Steuermann Stephens, wurden zum Tode verurteilt, aber durch die Krone zu sechs Monaten Zuchthaus ohne harte Arbeit begnadigt: nach Auffassung der Richter eine unangebrachte Milde.

# Drei Leichen im Schlepp

Drei Morde in einer Nacht auf der amerikanischen Schonerbark *Herbert Fuller* entsetzten 1896 die Leser der Gazetten. Ein Schuldiger war zwar schnell gefunden, aber die zwölf Geschworenen konnten sich nicht auf einen Spruch einigen. So wurden sie am Neujahrstag eingeschlossen, um über das Schicksal des Ersten Offiziers Dick Bram zu entscheiden. 26 Stunden brauchte die Jury und über 50 geheime Abstimmungen. Dann endlich hatte sie sich zu einem gemeinsamen Spruch durchgerungen: schuldig im Sinne der Anklage. Seine beiden Anwälte hatten Bram nicht retten können. Das Gericht verurteilte den Steuermann zum Tode durch den Strang, als Strafe für drei Morde auf der *Herbert Fuller*.

Die Anwälte legten Berufung ein, und wegen eines Formfehlers wurde das Urteil kassiert. Bram hatte Glück, denn mittlerweile war das amerikanische Strafrecht gemildert worden. Ein des Mordes für schuldig Befundener durfte auf Begnadigung zu lebenslänglichem Zuchthaus hoffen, wenn die Geschworenen dies befürworteten. Weil kein Geständnis vorlag und einige Geschworene an Brams Schuld zweifelten, wurde er im Juli 1898 zu lebenslänglichem Zuchthaus verurteilt.

Dort hätte Dick Bram den Rest seines Lebens verbracht, wenn nicht der Präsident der Vereinigten Staaten, Woodrow Wilson, 1919 seine Begnadigung durch einen Präsidialerlaß erwirkt hätte. Auslöser dieser Großzügigkeit war ein von Mary Roberts Rinehart geschriebener Roman, der die grausame Tat auf der Schonerbark analysierte. Die Autorin gelangte durch gründliches Studium der Prozeßakten und eigene Nachforschungen zu der Überzeugung, daß Dick Bram entsetzliches Unrecht geschehen sei. Für sie war nicht der Erste Offizier der dreifache Mörder.

Das Buch erschien 1914 und wurde ein Riesenerfolg. Kurz darauf erkundigte sich Expräsident Theodore Roosevelt bei der Autorin nach ihrer ehrlichen Meinung und sagte nach dem

Gespräch Hilfe zu, die Präsident Woodrow Wilson dann auch gewährte. Es ist müßig, darüber nachzusinnen, wer von den beiden Präsidenten den Anstoß zur Begnadigung des Verurteilten gab.

Nach seiner Freilassung schrieb Dick Bram Mary Roberts Rinehart einen Dankesbrief und behauptete erneut, unschuldig zu sein: »Erlauben Sie mir, Ihnen in Gegenwart des allmächtigen Gottes zu sagen, daß ich das Verbrechen, für das ich zu Unrecht hinter Zuchthausgittern leiden mußte, nicht begangen habe.«

Wenn Dick Bram aber als Täter ausschied, dann stellt sich die Frage, wer in jener Nacht auf See drei Menschen bestialisch umbrachte. Es kommen für die Tat nur drei Männer in Frage.

Kehren wir zurück auf die Schonerbark *Herbert Fuller*. Das aufgeschlagene Journal im Kartenhaus des Segelschiffs trägt das Datum 13. Juli 1896. Es enthält an diesem Tag nichts Besonderes, denn bei handigem Wetter stehen alle Segel, und es ist angenehm warm. Die *Herbert Fuller* befindet sich auf der Fahrt von Boston nach Argentinien und wird geführt von Kapitän Robert Nash. Er hat seine Frau mit an Bord. Laura Nash ist gut zehn Jahre jünger als er und äußerst attraktiv. Sie kennt auch ihre Wirkung auf die Seeleute, die seit Wochen keine Frauen mehr in ihren Armen gehalten haben und ihr, wenn der Alte es nicht sieht, begehrliche Blicke zuwerfen. Im Gespräch von Mann zu Mann fallen derbe Worte, da werden sexuelle Wünsche drastisch geäußert. Später, vor Gericht im Zeugenstand, werden sich die Matrosen nicht mehr an ihre Gier erinnern, wohl aber an die Bemerkung des Ersten Offiziers, daß Laura für einen viel jüngeren Mann als den Kapitän geschaffen sei. Jeder wußte, wen er damit meinte. Und mit dem Kapitän verstand sich Dick Bram nicht besonders gut. Mehr konnten die Matrosen nicht aussagen.

Im Achterschiff der *Herbert Fuller* wohnen außer dem Kapitän und seiner jungen Frau die beiden Offiziere und ein zwanzigjähriger Student der Harvard-Universität namens Lester Monck. Als Passagier hat er im Gegensatz zu den anderen Besatzungsmitgliedern die Möglichkeit, in Lauras Nähe zu sein. Sie sitzen bei gutem Wetter in Liegestühlen nebeneinander an Deck und plaudern über Gott und die Welt, auch über die Liebe natürlich. Erfahren, wie Laura ist, merkt sie bald, daß sich der junge Mann aus gutem Hause in sie verliebt hat.

Lester Monck wird später im Prozeß zum wichtigsten Zeugen. Seine ausführlichen Angaben werden entscheidend dazu beitragen, daß ein Schuldiger gefunden und verurteilt wird.

Nach dem Abendessen im Kapitänssalon, das Lester zusammen mit Robert und Laura Nash einnimmt, trinken sie noch zwei Gläser Rotwein. Gegen zehn Uhr verabschiedet sich der Student und sucht seine angrenzende Kammer auf. Nur eine hölzerne Wand trennt seine Koje von der breiten des Kapitäns. In dieser Nacht streicht der Wind nur leicht durch die Takelage. Lester hört die Schritte des Wache gehenden Ersten Offiziers über sich an Deck, der sich bemüht, die Steuerbordseite nicht zu betreten, unter der die Wohn- und Schlafräume des Kapitäns liegen. Damit befolgt er eine Anordnung des Alten.

In einer einfallenden Bö legt sich die Schonerbark härter auf die Seite, das Gurgeln des Wassers an der Bordwand nimmt zu, auch das Knarren der hölzernen Verbindungsteile im Innern des Schiffes. Da hört Lester Monck einen Schrei. Er reibt sich den Schlaf aus den Augen, öffnet die unverschlossene Kabinentür und späht hinaus auf den Gang. Eine brennende Öllampe über dem Kartentisch, kardanisch aufgehängt, verbreitet nicht viel Helligkeit, aber der Raum vor ihm ist übersichtlich. Die anderen Kabinentüren sind geschlossen. Er glaubt geträumt zu haben und legt sich wieder hin. Vorsichtshalber hat er die Tür von innen verriegelt. Kaum aber ist er eingeschlummert, als ein erneuter Schrei ihn hochfahren läßt. Das war kein Alptraum! Der Student faßt sich ein Herz und ruft: »Kapitän Nash! Sind Sie das?« Keine Antwort.

Der auf der anderen Seite der Trennwand schlafende Kapitän müßte ihn eigentlich gehört haben. Aber er wird oben an Deck sein, überlegt der Student. Er holt seinen Revolver hervor und macht ihn schußbereit. Dann öffnet er vorsichtig die

Kammertür. Die Öllampe brennt noch, neben dem Kartentisch aber liegt der Kapitän mit gespaltenem Schädel in einer Blutlache am Boden. Lester ist erschreckt, sein Puls rast. Aber er rührt nichts an, öffnet die Tür zum Kapitänssalon und durchquert ihn, um im danebenliegenden Schlafraum nach Laura zu sehen. Ohne zu rufen oder anzuklopfen tritt er ein. Laura liegt nackt im Bett. Auch sie ist tot, erschlagen worden.

Der Student schreit nicht um Hilfe, obwohl der Zweite Offizier nicht weit entfernt in seiner Kammer ruht, denn er hat Freiwache. Lester betritt den nach oben aufs Achterdeck führenden Niedergang. Über sich hört er die Schritte des wachhabenden Ersten. Als Bram zufällig hinunterschaut, sieht er Lester Monck mit einem Revolver in der Hand die Treppe hochsteigen. Instinktiv greift er nach einer losen Planke und schleudert sie nach dem jungen Mann. Der weicht dem herabsausenden Brett aus und gibt seine Friedfertigkeit zu verstehen. Auf Drängen und Bitten des Studenten kommt Dick Bram schließlich den Niedergang hinunter und sieht den in seinem Blut liegenden Kapitän. Nash hat Hosen an und Pantoffeln an den Füßen, so wie er bei gutem Wetter oben an Deck zu erscheinen pflegt, wenn er unruhig ist.

»Das ist Meuterei!« schreit Bram und fügt atemlos hinzu: »Der Zweite ist sicher schon bei den Matrosen vorn, um das Kommando zu übernehmen!«

Darum öffnet Lester Monck auch jetzt nicht die Kammertür des Zweiten Offiziers. Er muß ja bei den Matrosen im Vorschiff sein, sonst wäre er längst erschienen, denn der Krach, den sie vor seiner Kajüte machen, ist laut genug. Verstört verlassen die beiden ungleichen Männer die Innenräume und begeben sich aufs Achterdeck. Am Ruder steht der schwedische Matrose Charlie Brown. Irgendwann hat er seinen Namen gewechselt, weil ihn die Polizei zu gut kannte. Doch das hat wenig zu bedeuten. An Bord der *Herbert Fuller* gibt es kaum mehr als eine Handvoll Seeleute, die noch ihren Geburtsnamen tragen. In Wahrheit heißt Charlie Brown Julius Leopold Westerburg, aber der Name paßt nicht auf ein amerikanisches Schiff.

Mitternacht ist gerade erst vorbei. Die drei beschließen, die andere Wache nicht zu purren, bevor es graut. Unübersehbar hat Dick Bram Angst. Er fürchtet, der nächste zu sein, der von den Meuterern ermordet werden soll, und jammert über sein Schicksal. Im Lauf der Nacht behauptet er sogar, daß man ihm etwas in den Grog getan haben müsse, sonst hätte er doch den Schrei gehört. Der Kampf unter Deck kann unmöglich lautlos vonstatten gegangen sein.

Als der Tag anbricht, entsichern Bram und Monck ihre Revolver und schleichen ins Mannschaftslogis. Sie wollen die andern überraschen. Doch im Logis herrscht absolute Ruhe, die Freiwache liegt im tiefsten Schlaf. Vom Zweiten Offizier keine Spur. Sie wecken zunächst den Koch Spencer. Er will die Geschichte von den beiden Ermordeten im Achterschiff nicht glauben, folgt ihnen aber doch. Als er die Leichen in ihrem Blut sieht, fällt er fast in Ohnmacht. Er reißt die Tür zur Kammer des Zweiten Offiziers auf. Auch Paulsen lebt nicht mehr, er liegt mit zertrümmertem Schädel in seiner Koje. Drei Morde!

Wer aber ist der Mörder? Die Angst geht um auf der *Herbert Fuller.*

Die drei stürzen wieder an Deck. Bram beginnt, nach der Mordwaffe zu suchen, und zieht plötzlich unter einem Haufen Planken eine langstielige Axt mit blutbefleckter Schneide hervor. Ehe ihn jemand daran hindern kann, hat er sie schon über Bord geworfen. Warum der Mörder das nicht sofort getan hat, bleibt ein Rätsel.

Die Mordwaffe ist fort, nicht aber die Leichen. Bram spricht sich dafür aus, sie ebenfalls der See zu übergeben. Doch der Koch widerspricht und schlägt vor, sie in ein Beiboot zu legen und hinterherzuschleppen. Solange die See einigermaßen ruhig bleibt, ist das möglich. Sechs Tage und Nächte schläft keiner fest an Bord der *Herbert Fuller*, während sie mit ihrer schrecklichen Fracht im Schlepp die See durchpflügt.

Die Besatzung ist beunruhigt und verwirft die von Bram aufgestellte Theorie. Seiner Meinung nach haben der Kapitän und der Zweite Offizier um die hübsche junge Laura gekämpft und sich gegenseitig erschlagen. Lester Monck wird aufgefordert, für die Behörden einen ausführlichen Bericht zu verfassen über alles, was an Bord geschehen ist. Jeder unterschreibt den Text. Sie kommen überein, den nächsten Hafen anzulaufen, denn sie wissen nur eines: Unter ihnen befindet sich ein grausamer Mörder. Ist es vielleicht der Rudergänger? Einer hat beobachtet, wie er die Kleider gewechselt hat, das macht ihn verdächtig.

Bram, Monck und der Koch Spencer lassen den schwedischen Matrosen, der unter falschem Namen auf der *Herbert Fuller* fährt, in Ketten legen. Dick Bram schlägt vor, den von Monck verfaßten und von allen noch lebenden Besatzungsmitgliedern unterschriebenen Bericht über die Ereignisse in jener Nacht zu zerreißen. Doch der Harvard-Student lehnt ab, denn noch ist keineswegs bewiesen, daß Charlie Brown der Mörder ist. Der Matrose schöpft neuen Mut und behauptet, in jener Mordnacht verdächtige Geräusche gehört und durch das Skylight gesehen zu haben, wie jemand eine Axt hob und zuschlug. Er hätte sich aber nichts dabei gedacht und auch nicht gesehen, wer die Axt hielt.

Jeder an Bord kennt das Skylight, es ist der Lichtschacht für das darunter befindliche Kartenzimmer. Wenn Charlie Brown wirklich etwas gesehen hätte, dann mit Sicherheit auch den Mörder und sein Opfer. In diesem Fall hätte er doch keine Sekunde gezögert, dem Ersten Offizier seine Beobachtung mitzuteilen, der fast in seiner Reichweite an Deck auf und ab spazierte. Kurz nach Entdeckung der Tat hatte er noch geschworen, die Schritte des Ersten gehört zu haben. Jetzt aber fällt ihm ein, Bram aus dem Navigationsraum kommen gesehen zu haben. Was aber sollte der Erste nachts auf hoher See bei bedecktem Himmel im Kartenhaus zu tun gehabt haben? Hinzu kommt, daß Kapitän Nash die Seekarte mit in seine Kammer nahm wie so viele seiner Kollegen.

Trotz aller Widersprüche kommt der schwedische Matrose als Täter nicht in Betracht. Zwar steuert die *Herbert Fuller* gut bei steifer Brise, und für einen kurzen Augenblick hätte man das Ruder festsetzen und unter Deck verschwinden können. Aber diese Spanne reicht nicht aus, um drei Menschen umzubringen. Außerdem hat der Student von einer Bö gesprochen; das Schiff sei in den Wind geschossen. Unmöglich auch, daß der wachhabende Erste Offizier ein längeres Verschwinden des Rudergängers nicht bemerkt hätte. Die nackte Frau gibt ihnen zu denken, und sie vermuten, daß die beiden Männer nur getötet worden sind, weil der Täter die Frau vergewaltigen wollte. Jetzt erinnern sie sich an die Bemerkung des Ersten Offiziers, der vor einigen Tagen davon gesprochen hat, daß die Frau des Kapitäns für den Alten zu schade ist.

Der Koch läßt den schwedischen Matrosen frei. Statt dessen schnappen sich die Leute Dick Bram und ketten ihn an den Besanmast. Bram hatte ein Motiv: Eifersucht! Er wollte die Frau des Kapitäns für sich. Das haben sie zwar alle gewollt, aber inzwischen wollen sie daran nicht mehr erinnert werden. Zu denken gibt ihnen allerdings, daß sie keine Blutflecken an Brams Kleidung finden. Die Seeleute haben nicht viele Plünnen mit, und jeder weiß, was der andere besitzt. Die Kleidung des Ersten aber ist vollzählig vorhanden, nichts fehlt, keine Jacke, keine Hose. Das gibt ihnen zwar zu denken, aber sie halten ihn dennoch fest.

Nach achtzehntägiger Fahrt endet die Reise des Schreckens im Hafen von Boston. Die Polizei holt den Ersten Offizier von Bord und schafft die schon verwesten Leichen an Land. Die Gerichtsmedizin kann mit ihnen nichts anfangen, sie steckt noch in den Kinderschuhen. Auch das Tatwerkzeug, die im Meer versenkte Axt, hätte dem Gericht nicht weitergeholfen. Doch das Überbordwerfen wird dem Ersten Offizier schwer angelastet; auch daß er sich der Leichen entledigen wollte, kommt auf sein Schuldkonto. Viel ist das nicht für die Anklage, noch weniger für einen Schuldspruch, aber nach Auffassung des Gerichts kann nur er allein die Tat verübt haben.

Wenn es aber Dick Bram nun doch nicht gewesen ist? Wer hat dann die drei Menschen in jener unheilvollen Nacht bestialisch umgebracht? Nie fiel auch nur der Schatten eines Verdachts auf den Studenten der angesehenen Harvard-Universität, auf Lester Monck. Seinem Vater gehörte der Schlachthof vor den Toren der Stadt: ein angesehener Mann, eine ehrenwerte Familie. Aber nur Lester Monck hatte wirklich die Möglichkeit, die Morde auszuführen. Um den Ersten Offizier mußte er sich nicht kümmern, er konnte dessen Schritte über sich hören. Von ihm drohte keine Gefahr, wohl aber vom Zweiten Offizier, der auf der anderen Seite des Ganges schlief. Er wachte nicht auf, als Monck die unverschlossene Tür öffnete, an die Koje trat und den Schlafenden mit der Axt erschlug.

Was er wollte, war Laura. Er hatte lange wachgelegen, die eindeutigen Geräusche auf der anderen Seite der dünnen Trennwand machten ihn fast wahnsinnig. Er malte sich aus, wie der rohe Kapitän über die von ihm geliebte Laura herfiel. Er hörte ihr Stöhnen und mißdeutete es. Hatte sie ihm nicht am Tisch kokett zugelächelt und unter dem Tisch seinen Fuß berührt? Aber um sie zu besitzen, mußte er den Kapitän beseitigen. Er klopfte gegen die Tür. Robert Nash, der wie alle guten Seeleute einen leichten Schlaf hatte, zog sich leise die neben dem Bett bereitliegende Hose über; er nahm an, der Wachhabende wollte ihn sprechen. Bevor er die tödliche Gefahr begriff, hatte ihm Lester Monck schon mit der Axt den Schädel gespalten. Der Weg zu Laura war endlich frei.

Sie schlief fest und merkte nicht, daß er zu ihr ins Bett stieg. Danach kam ihre Abwehr zu spät. Lester Monck hatte keine Wahl, er mußte sie töten, als sie jeden anderen Vorschlag ablehnte.

Nur der Student hatte Zeit genug, die drei Menschen zu töten und seine Spuren zu verwischen. Als einziger hatte er genügend Kleidung in seinen Koffern, um die blutigen bei günstiger Gelegenheit über Bord werfen zu können. Danach säuberte er sich, nahm den Revolver und begab sich an Deck. Vielleicht hatte Monck gehofft, Bram würde den Niedergang herunterkommen, damit er ihn erschießen konnte. Danach hätte er ihn als den Mörder bezeichnet. Doch der Plan scheiterte an der

Umsicht des Ersten Offiziers und an seiner Angst. Schnell änderte der Student der Veterinärmedizin seinen Plan. Er spielte gewagt, aber er gewann. Niemand verdächtigte den jungen Mann, den braven Sohn eines angesehenen Schlachters.

So könnte es gewesen sein.

## Undank war der Retter Lohn

Der an der Elbe beheimatete Dreimastschoner *Hongkong* verdiente sein Geld in aller Welt, denn die sieben Meere waren seine Heimat. Am Weihnachtsabend 1873 hatte der kleine Segler Liverpool verlassen, mit 250 Tonnen Nußkohle an Bord. Zuvor hatte das Schiff in Antwerpen Stückgüter übernommen: Klaviere, Kinderwagen, Puppen und andere Spielsachen. Bestimmt war die gesamte Ladung zum Amur. Eine lange Reise lag vor den Leuten, aber sie waren es gewohnt, lange unterwegs zu sein. Tief lag der Schoner im Wasser, als er aus den Barry Docks auslief. Heiligabend war nicht groß gefeiert worden. Kapitän Paul Brumst hatte eine Buddel Rum spendiert, und damit hatte es sich.

Unter der aus erfahrenen Seeleuten bestehenden Besatzung fiel ein Mann besonders auf, Bootsmann Langhoor, ein Herkules von Gestalt mit einer rauhen Schale, aber einem sehr weichen Kern. Er wünschte sich nichts sehnlicher als einen ruhigen Posten an Land, und einer der Partenreeder des Schiffes hatte ihm nach dieser Fahrt eine Portierstelle in seiner Hamburger Fabrik zugesagt. Davon träumte er nun manche Nacht.

Stürmisch und grau war der Tag, als der Segler den schützenden Hafen verließ. Ein steifer, zeitweise von Schnee und Hagel begleiteter Nordwester brachte den handigen Schoner rasch durch den gefährlichen Bristol-Kanal und die aufgewühlte Biskaya. Die eingespielten Wachen hatten nicht viel zu tun. Die Reffs in den Segeln ließ der Alte eingebunden, wenn es vorübergehend abflaute, denn die *Hongkong* hatte es nicht eilig. Eine sichere Reise war dem Alten lieber als eine schnelle.

Zum Entsetzen des Kapitäns führte allerdings der begehrte Südost-Passat den Schoner sehr nahe an die brasilianische Küste heran. Das verursachte wahrscheinlich eine nicht einkalkulierte Verzögerung der Reise. Am Kap der Guten Hoffnung taumelte die *Hongkong* dann aus einem Sturm in den anderen, zeitweise trieb sie sogar vor Topp und Takel. Tonnenschwere

Sturzseen wälzten sich übers Deck und die gut verschalkten kleinen Luken. Nicht alles blieb heil in diesen Stürmen, aber in wirkliche Gefahr geriet die *Hongkong* nicht. Das war dem Alten zu verdanken, der rechtzeitig beidrehte und die Segel kürzen ließ.

Mitte Februar passierte der Segler Kapstadt, doch Land kam nicht in Sicht. Weiter ging die Fahrt. Die Tage wurden nicht gezählt. Vor der Nordwestküste Australiens verabschiedete sich der Wind, wochenlang trieb das Schiff längs der gefährlichen Küste, vorbei an zahlreichen Untiefen und Klippen. Das Seehandbuch sagte nicht viel aus über die hier herrschenden Strömungen, was hätte der Kapitän auch anders machen können? Wie erlöst wirkten die Männer, als endlich am 5. März Windwolken aufzogen und den Horizont bedeckten. Die untergehende Sonne färbte den Himmel gelblich rot, die Hitze war kaum noch zu ertragen. Frischwasser war schon äußerst knapp und wurde in immer kleineren Portionen morgens jedem zugeteilt, auch dem Alten.

Aber was sich da am Himmel anmeldete, war keine flotte Brise, sondern härtester Sturm. Unter Anleitung von Bootsmann Langhoor wurden alle beweglichen Gegenstände an Deck und anderswo festgelascht. Noch einmal wurden die beiden Lukenabdeckungen überprüft, dann konnten sie nur noch warten. In böser Vorahnung zog Langhoor seine Ölhose an, was selten genug vorkam. Die Matrosen machten sich darüber Gedanken, bevor sie es ihm nachtaten, denn schaden konnte es ja nicht. Mitternacht war vorbei, die neue Wache war an Deck aufgezogen, als die Wolken auch den letzten Stern verschluckten. Blitze zuckten über den ganzen Horizont und liefen auf der Kimme entlang oder dort, wo man sie vermuten konnte. Dann fiel der Taifun über die *Hongkong* her und drohte den Schoner zu vernichten.

Kapitän Brumst stand selbst am Ruder, denn an Deck brauchte der Bootsmann jede Hand. Er brüllte mit mächtiger Stimme gegen den Orkan an: »Obermarssegel und Großgaffeltoppsegel fest! Reff in die Fock und zwei Reffs ins Großsegel!«

Bald danach mußte der Klüver geborgen werden und schließlich auch die Fock. In dem wüsten Seegang drohte die *Hongkong* zu kentern. Sturm, Regen und gewaltige Sturzseen fegten über sie hinweg, alles mitnehmend, was man kurz zuvor gesichert hatte.

»Jetzt auf See – und dann kein Schiff«, grinste Langhoor müde und schüttelte den Kopf. Von seinem Ölhut lief das Wasser. Schlafen konnte keiner, die Freiwache lag herum und döste vor sich hin.

Der Alte konnte sich nicht erinnern, jemals solche Seen gesehen zu haben, doch wie ein Korken kämpfte sich seine *Hongkong* immer wieder nach oben. Stunden vergingen, die Höllenfahrt schien kein Ende nehmen zu wollen. Als fahles Licht den Sonnenaufgang andeutete, entdeckten sie die Umrisse eines größeren Schiffes, das auf sie zutrieb. Es war in sinkendem Zustand, darüber bestand kein Zweifel. An Hilfe war im Augenblick nicht zu denken, die hätte der Schoner selbst gebraucht, denn immer noch wütete der Taifun. Das andere Schiff, eine Bark, richtete sich noch einmal auf – an den Rahen hingen nur noch Segelfetzen – und sank vor ihren Augen. Brumst und seine Leute starrten hinüber. Sie sahen Menschen, die sich an schwimmendes Treibgut klammerten und verzweifelt winkten. Ihre Schreie trug der Sturm davon. Unter Lebensgefahr gelang es der *Hongkong*-Crew, sieben Schiffbrüchige in allerletzter Minute zu retten; elf fanden den Tod, unter ihnen auch die Frau des Kapitäns. Bei der gesunkenen Bark handelte es sich um die amerikanische *Star of Mexiko*, die sich auf der Reise nach Adelaide befunden hatte.

Gegen Mittag ließ der Sturm nach, die Wolkendecke riß auf, der Kapitän konnte mittels Sextanten den Schiffsort bestimmen. Er war zufrieden. Als er Zeit fand, sich um die sieben Geretteten zu kümmern, hatte er bei ihrem Anblick ein komisches Gefühl in der Magengegend. Vertrauenerweckend sahen sie nicht gerade aus, schon gar nicht die beiden breitschultrigen Schwarzen. Bootsmann Langhoor meinte nach der ersten Musterung, daß es wohl besser gewesen wäre, wenn die Haie sie gefressen hätten. Diese drastische Äußerung ging dem Alten zwar zu weit, aber er widersprach ihr nicht.

Aus Platzmangel wurden die Schiffbrüchigen vorn im Kabelgatt untergebracht. Eine Luxusherberge war das freilich nicht, aber wenigstens trocken. Proviant war in ausreichender Menge vorhanden, und zunächst schien jede Sorge über die Anwesenheit der Fremden an Bord unbegründet. Sie arbeiteten sogar mit, wenn es galt, Segel zu bergen oder zu setzen.

Bei handigem Wetter durchsegelte die *Hongkong* die Sundastraße. Kaum aber sahen die Fremden Land, als sie zu keinem Handschlag mehr zu bewegen waren. Sie verlangten, sofort an Land gebracht zu werden. Doch der Alte lehnte ihre Forderung energisch ab. Zu günstig wehte der Wind, und den galt es wahrzunehmen.

Die Schiffbrüchigen der *Star of Mexiko* wurden aufsässig und murrten. Dem aufmerksamen Bootsmann entgingen die drohenden Blicke und Gesten nicht, und er beschloß, nachts ein Auge offen zu halten. Seine Befürchtungen bewahrheiteten sich schon in der darauffolgenden Nacht. Er erwischte einen der Neger, als sich dieser mit einem aus der Kombüse gestohlenen Fleischermesser in die Kajüte des schlafenden Kapitäns schleichen wollte, um ihn heimtückisch abzuschlachten. Zur gleichen Zeit wurden die anderen Besatzungsmitglieder angegriffen. Es kam zum Handgemenge. Blut floß auf beiden Seiten, denn allen saß das Messer locker im Gürtel. Bootsmann Langhoor machte mit dem Neger kurzen Prozeß und warf ihn einfach über Bord. Die anderen sechs von der gesunkenen amerikanischen Bark konnten überwältigt und gefesselt werden. Wenn es nach dem Willen des Bootsmanns gegangen wäre, hätten sie den gleichen Weg wie ihr Gefährte genommen. Doch der Alte ließ die Selbstjustiz nicht zu.

Und das wäre fast schiefgegangen.

In der Nacht zum 25. März gelang es den Angeketteten, sich zu befreien und den Wachtposten zu überwältigen. Mit einer blutenden Stirnwunde lag er auf der Vorluke und wimmerte. Doch ihre Anstrengungen, den Schoner beim zweiten Versuch in die Gewalt zu bekommen, scheiterten erneut an der Aufmerksamkeit des Bootsmanns und an seinen Kräften. Er war überall an Deck, und wo seine Faust traf, wuchs kein Gras mehr. Die Überwältigten hatten mit keiner Gnade mehr zu rechnen. Sie wurden den Haien zum Fraß vorgeworfen, und keiner, auch der Alte nicht, erhob dagegen Einspruch, denn ihre Hilfsbereitschaft wäre ihnen beinahe zum Verhängnis geworden.

Am 1. Juli 1874 erreichte der Schoner *Hongkong* nach 188 Tagen auf See den Hafen Nikolajew am Amur. In der Chinasee hatte das Schiff noch einen Taifun überstanden, danach aber waren alle Mühen der Reise vorbei. Bleibt nachzutragen, daß der Schoner auch die weite Heimreise schaffte und daß der tapfere Bootsmann Langhoor seine erträumte Landstellung als Portier bekam. Und wann immer ihn einer nach seinen Erlebnissen auf See befragte, erzählte er von der abenteuerlichsten Reise, die er je gemacht hatte, von der Fahrt mit der *Hongkong* zum Amur. Obwohl er nichts hinzudichtete und die Zahl der geretteten Schiffbrüchigen um nicht einen Mann vermehrte, wurde ihm nicht geglaubt. »Er erzählt mal wieder Seemannsgarn«, sagten die Leute mit nachsichtigem Lächeln.

# Knapp an der Katastrophe vorbei: Dampfer *Mosel*

Die New-York-Fahrt bereitete dem Norddeutschen Lloyd Sorgen. Eine im Sommer 1873 in Nordamerika ausgebrochene Wirtschaftskrise drückte sich in zurückgehenden Auswandererzahlen aus. Verschärft wurde die Situation von der machthungrigen Hamburger Adler-Linie, an deren Spitze Albert Ballin stand. Sie versuchte, sich einen Marktanteil am Auswanderergeschäft zu sichern. Der Ratenkampf brachte nicht nur den Norddeutschen Lloyd in Bedrängnis, sondern auch die Hamburg-Amerika-Linie. Die Zwischendecksraten, Basis des gesamten Auswanderergeschäfts, sanken von 55 auf 30 Taler. Aufsichtsratsmitglieder sprangen mit ihren Vermögen ein, um die Verbindlichkeiten abzudecken. Zu allem Unglück geriet auch noch am 6. Dezember 1875 der mit über hundert Passagieren besetzte Dampfer *Deutschland* auf einen der gefährlichen Sände in der Themsemündung. Seine Notsignale blieben im Nebel unbemerkt. Als mit der Bergung begonnen werden konnte, waren schon sechzig Menschenleben zu beklagen.

Das Drama auf der *Deutschland* war noch in aller Munde, als am 11. Dezember der Dampfer *Mosel* zur Überfahrt nach Nordamerika rüstete.

Es lag kein Schnee auf der Pier, aber von der Außenweser zogen gelegentlich dichte Nebelschwaden über Bremerhaven. Neben dem Lloyddampfer lag der kräftige Schlepper *Simson* an der Einfahrt zum Neuen Hafen und wartete auf die Übernahme der Schlepptrosse. Ausgelastet war die *Mosel* wieder nicht. Nur 75 Zwischendecks- und 19 Kajütpassagiere hatten die Überfahrt gebucht. Wenige davon kannten die See, den grauen Atlantik im Winter mit seinen gefährlichen Stürmen. Angst zeigten sie nicht, denn das Schiff, erst drei Jahre alt, machte einen sicheren Eindruck. Wenn überhaupt etwas, dann fürchteten sie, seekrank zu werden.

Noch aber war es nicht soweit. Emsige Geschäftigkeit herrschte an Bord und an Land, denn bisher waren nicht alle Ladeluken der *Mosel* geschlossen. Ausgesucht höfliche Stewards boten unter Deck Getränke an und machten Fremde darauf aufmerksam, daß mit dem baldigen Auslaufen zu rechnen sei. Doch zur Eile bestünde noch kein Grund, die Glocke würde rechtzeitig angeschlagen und sie von Bord bitten.

Ein Pulk von Zwischendecklern stand auf dem Bootsdeck. Sie machten sich gegenseitig auf bislang Unbekanntes aufmerksam, und es gab viel zu sehen und zu bestaunen. Keinem fiel William King Alexander Thomas auf, ein 45jähriger, beleibter, alleinreisender Amerikaner, der sichtlich nervös an Deck herumlief und aufmerksam jede Kiste, jedes Faß musterte, das an Bord gebracht wurde. Irgendwann mußte er zufriedengestellt worden sein, auf jeden Fall verschwand er in seiner Kajüte, klingelte nach dem Steward und verlangte eine Flasche Champagner. Dabei sprach er deutsch mit englischem Akzent. In der Hoffnung auf ein gutes Trinkgeld verbeugte der Steward sich noch tiefer als gewöhnlich und zog geräuschlos die Tür hinter sich zu. Dabei entging ihm, daß sich William Thomas grinsend die Hände rieb, wobei er seine zu dick geratene Unterlippe über die obere schob und am Bart lutschte.

Thomas war nicht sein richtiger Name. Gelegentlich nannte er sich auch Thomson, aber nicht mehr Alexander Dandy Keith, denn unter diesem Namen wurde er in Kanada gesucht. Am amerikanischen Bürgerkrieg hatte er als Kaperkapitän teilgenommen und sich den Titel »Konsul der Südstaaten« zugelegt. Die kanadischen Behörden hatten ihn 1864 des Landes verwiesen, weil er eine Versicherungssumme von 32000 Dollar unterschlagen hatte. Die von ihm vorgelegte Police war auf eine Anzahl Kisten ausgestellt, die mit dem Dampfer *Caledonia* geliefert werden sollten. Das Schiff aber erreichte keinen Hafen mehr, und es gab auch keine Zeugen, was mit ihm auf dem Atlantik geschehen war. Was blieb, waren Verdachtsmomente und die merkwürdige Versicherungspolice.

Im Januar 1866 war der schwergewichtige Amerikaner mit

dem Lloyddampfer *Hermann* nach Bremerhaven gekommen. Mehrere Jahre verbrachte er mit seiner Familie in Dresden und lebte von Spekulationen, bis ein Wechsel platzte und er schleunigst verschwinden mußte. Doch er brauchte Geld, viel Geld, und das war legal nicht zu beschaffen. In Bremen beauftragte er einen Uhrmacher mit der Herstellung einer von ihm konstruierten Zeitmaschine. Der ahnungslose Handwerksmeister glaubte dem sich als amerikanischen Kaperkapitän ausgebenden Besucher, daß es sich um einen Regierungsauftrag handelte, dem bald andere folgen würden.

Kaum hatte William Thomas, wie er sich in Deutschland nannte, die Höllenmaschine in Händen, als er sich nach einem geeigneten Schiff umsah. Der Dampfer *Celtic* der White-Star-Line paßte in sein Konzept, doch er hatte Pech, die Reederei weigerte sich, ein angeblich mit Münzen gefülltes Faß mit 60000 Pfund Sterling zu versichern. Damit mußte Thomas rechnen, und schon bald hatte er einen anderen Dampfer für den geplanten Versicherungsbetrug gefunden, die *Deutschland*. Doch diesmal scheiterte das Vorhaben an seiner eigenen Ungeschicklichkeit: Er hatte das Uhrwerk beschädigt. Die Reparatur dauerte zwar nur drei Tage, aber doch zu lange, als daß er noch die in Bremerhaven liegende *Deutschland* erreicht hätte. So fuhr das Schiff ohne ihn ab, und William Thomas buchte auf dem Dampfer *Mosel* eine Überfahrt nach Southampton. Die im Laderaum verstaute Kiste mit der Höllenmaschine hatte er mit 15000 Talern versichern lassen. Sie sollte angeblich nach New York gebracht werden, aber vorher irgendwo auf dem Atlantik explodieren.

Keiner würde ihn als den Täter verdächtigen, wenn die Welt nichts mehr von der *Mosel* hörte. Eine Kesselexplosion würde man vermuten oder höhere Gewalt, denn mit den harten Winterstürmen im Nordatlantik war nicht zu spaßen. So wartete Thomas ungeduldig in seiner Kabine auf den Champagner und war zuversichtlich, daß sein Plan gelingen würde. Unten, tief im Laderaum, tickte die Uhr, die ihm bald Geld einbringen würde, dachte er. Doch seine Kiste befand sich noch gar nicht auf der *Mosel*. Sie wurde erst in diesem Augenblick auf einem Fuhrwerk vor das Schiff gebracht.

Den Offizieren gingen die Arbeiten an Land nicht schnell genug. Kein Wunder, denn auf der Kommandobrücke stand schon der Lotse neben dem Kapitän, die Maschine war klar, der Dampfdruck stimmte, der Schlepper hatte die Trosse schon übernommen und wartete auf ein entsprechendes Zeichen des Lotsen. Zwei Hafenarbeiter hoben die verhältnismäßig kleine Kiste vom Fuhrwerk, doch sie war schwerer als gedacht. Einer ließ los, die Kiste fiel, und dann erschütterte eine furchtbare Explosion den Hafen. Als der Wind den Rauch verweht hatte, bot sich den Überlebenden ein gräßlicher Anblick. Tote lagen herum, Schwerverletzte wälzten sich in ihrem Blut am Boden, Leichtverletzte schrien um Hilfe.

Zunächst konnte sich keiner die Explosion erklären. Der Kapitän des Schleppers dachte an einen Kessel auf seinem eigenen Raddampfer; so ungewöhnlich war das nicht in jenen Jahren. Aber die Rettung der Überlebenden ging vor. Die Verletzten wurden in die nahegelegene Lloydhalle gebracht und dort versorgt. Aus Bremen kam ein gutes Dutzend Ärzte den überlasteten Kollegen zur Hilfe. Nach amtlichen Ermittlungen forderte das Unglück 170 Opfer. Gemeindevorstände in Geestemünde und Lehe organisierten Hilfsaktionen für die Schwerverletzten, 56 Witwen und 135 vaterlos gewordene Kinder. Die Toten wurden in Massengräbern auf dem Wulfsdorfer und dem Leher Friedhof beigesetzt. Ein Gedenkstein auf dem Friedhof in Wulfsdorf erinnert noch an 43 Opfer des mißlungenen Versicherungsbetruges.

Die *Mosel* war erheblich beschädigt und mußte in die Werft. Als die Verantwortlichen der Reederei und des Hafens nach der wahren Ursache der Explosion forschten, kamen sie zur Überzeugung, daß eine der Kisten mit Dynamit gefüllt gewesen sein mußte. Aber welche und warum? An einen Versicherungsbetrug dachten sie erst, als sie hörten, daß ein Passagier aus Dresden versucht hatte, sich mit einem Revolver zu erschießen. Der schwerverletzte Thomas wurde ins Hospital geschafft, konnte aber kaum vernommen werden. Er starb am 18. Dezember. Die Aufklärung des Verbrechens blieb der Polizei vorbehalten. Den Leichnam des Versicherungsbetrügers vergruben die Friedhofswärter bei Nacht und Nebel, ohne die Grabstelle zu kennzeichnen. Nicht aber den Kopf, der kam nach Bremen ins Kriminalmuseum, wo er in Spiritus verwahrt wurde, bis er 1945 einer Explosion im Polizeipräsidium zum Opfer fiel.

Der Dampfer *Mosel* wurde in der Werft wiederhergestellt und fuhr noch weitere neun Jahre im Nordatlantikdienst der Reederei. 1882 aber strandete er beim Lizard in Cornwall und ging verloren.

# Besser tot als Trimmer

Ende des 19. Jahrhunderts mußten sich die deutschen Seeämter in Bremen und Hamburg mit Serien merkwürdiger Selbstmordfälle auf deutschen Dampfschiffen befassen. Meist waren es Kohlentrimmer, die ihrem Leben ein vorzeitiges Ende bereiteten.

Kaum ein Mensch hat ihren Aufschrei gehört, ihren Protest gegen unmenschliche Arbeitsbedingungen vor den Kesseln. Die Reeder, wenn sie überhaupt davon erfuhren in ihren prachtvollen Villen, interessierte das nicht. Sie betrieben Schiffahrt, um Geld zu verdienen, sonst nichts. Um gute Bilanzen zu haben, mußten die Schiffe schnelle Reisen machen und die Kapitäne im kaufmännischen Interesse der Reederei handeln. Die Maschinisten waren dem Kapitän unterstellt und hatten dafür zu sorgen, daß die von der Schiffsführung vorgegebene Geschwindigkeit eingehalten wurde. Wie sie das schafften, war nicht Sache des Kapitäns, und in den meisten Fällen kümmerte er sich herzlich wenig um die schwarzen Kerls. Den Maschinisten unterstellt waren die Heizer und die Trimmer. Danach kam an Bord nichts mehr.

Zweiunddreißigmal trat 1893/1894 das Seeamt Hamburg in einer öffentlichen Sitzung zusammen, um über das unerklärliche Verschwinden eines Seemanns zu verhandeln. Achtundzwanzigmal war es ein Trimmer gewesen, der die körperliche Belastung, den psychischen Druck nicht mehr ausgehalten hatte und über Bord gesprungen war. Mord? Quatsch! Die Kerle hielten keine Beanspruchung aus, alles hergelaufenes Pack, die reinsten Simulanten und Drückeberger. Trimmer eben!

Ein Kohlentrimmer stand am untersten Ende der Heuerliste. Er brauchte keine Ausbildung nachzuweisen, keine Vorkenntnisse zu haben, er mußte nur eine Schaufel schwingen können und nicht älter als 45 Jahre sein. Erfüllte er diese Bedingungen, wurde ihm ein Musterbuch ausgestellt. Es gab viele Männer, die auf einem Dampfer ein neues Leben anfangen wollten. Sie hatten im Landesinneren ein Handwerk gelernt, doch infolge der schnellen Industrialisierung mußten viele kleine Betriebe schließen. Was lag für die Arbeitslosen näher, als zu den mächtigen Maschinen zu gehen? Wer die Dampfmaschine beherrschte, hatte ausgesorgt, wurde niemals mehr arbeitslos.

Was die Gesellen aber nicht ahnen konnten: daß von ihnen an Bord mehr als nur Arbeit verlangt wurde, nämlich die Aufgabe ihrer Persönlichkeit. Trimmer waren weniger wert als Hunde. Das merkten sie schnell, wenn sie auf einem Passagierdampfer tief unten vor den Kesseln schuften mußten. Das Sonnenlicht sahen sie kaum, denn die dreckigen Kerls hatten oben an Deck nichts verloren. Sie hätten die Passagiere nur erschreckt, deren mitreisende Vierbeiner von eigens angemusterten Tierpflegern rund um die Uhr verwöhnt wurden. Das abwechslungsreiche Hundemenü war eine ganze Klasse besser als das Essen in der Heizermesse. So etwas sprach sich schnell an Bord herum und gelangte selbst in die Hölle des Schiffes, den Kesselraum.

Es gab eine Reihe von Kapitänen, die sich mehr als einmal vor einem Seeamt verantworten mußten. Sie traten selbstbewußt auf und erklärten achselzuckend, keine Ahnung zu haben, warum der Trimmer über Bord gesprungen war. An Selbstmord glaubten sie nicht, eher an einen Unglücksfall. Am Schiff oder an der Behandlung konnte es nicht gelegen haben. Da war alles in bester Ordnung. Der Trimmer hatte selbst im Roten Meer täglich eine Flasche Alkohol bekommen und Hafergrütze satt.

Doch auf keinem Schiff war es so schlimm wie auf der 1889 in Glasgow für die berüchtigte Deutsch-Australische Dampfschiff-Gesellschaft gebauten *Sommerfeld*. Die 38köpfige Besatzung des in Hamburg beheimateten Dampfers stand unter dem Kommando von Kapitän Petersen. 17 Leute gehörten zur schwarzen Gang, dem Maschinenpersonal, davon waren sieben Heizer und fünf Trimmer. Täglich verbrauchten die Kessel 23 Tonnen Steinkohle, also mußte jeder Trimmer während seiner Vier-Stunden-Wache rund vier Tonnen aus einem der Bunker vor die Feuer schaufeln.

Waren die vorderen Bunker leer, dann mußten die Kohlen mehrmals bewegt werden, bis sie dort lagen, wo die Herren Heizer sie hinhaben wollten. Es war Aufgabe der Feuerleute, soviel Dampf zu produzieren, wie benötigt wurde, um das Schiff voranzutreiben. Sank der Dampfdruck unter das Limit, erschien sofort der wachhabende Maschinist im Heizraum und brüllte wie ein Irrer. Die Heizer ließen sich das nicht gefallen und schrien nicht weniger laut zurück. Gelegentlich flog auch eine Schaufel in Richtung des Maschinisten, mit oder ohne Kohlen darauf. Erfahrene Maschinisten betraten den Heizraum nur, wenn sie unbedingt mußten, denn mit den schwarzen Teufeln vor den Feuern war nicht zu spaßen.

Im Sommer 1891 befand sich der tief in der See liegende Dampfer *Sommerfeld* im Roten Meer und steuerte südwärts. Der Suezkanal lag keine zwei Tagesreisen achteraus. Senkrecht über dem Schiff stand die schwarze Rauchfahne, denn der achterlich einfallende leichte Wind hob den Fahrtwind des Schiffes auf. Die Hitze an Deck war kaum auszuhalten, aber unten im Kesselraum vor den Feuern war es noch schlimmer als in der Hölle. Heizer und Trimmer waren völlig ausgepumpt und atmeten stoßartig. Der am Körper herunterlaufende Schweiß verdunstete nicht mehr. Keiner trug mehr als einen dreckigen Fetzen von Unterhose auf dem Leib. Sie waren so kaputt, daß sie aufgehört hatten zu fluchen, und das wollte etwas heißen.

Jonny Tyning hätte gern als Lehrer gelebt, am liebsten in einer kleinen Gemeinde in Wales. Er behauptete auch, Lehrer zu sein, aber das nahm ihm keiner seiner Kumpels ab. Auf der *Sommerfeld* war er Trimmer, weiter nichts. Er litt fürchterlich am »Roten Hund«, einer Erkrankung der Schweiß- und Talgdrüsen, die zu unerträglichem Juckreiz und damit zwangsläufig zu Schlaflosigkeit führt. Wann er zum letzten Mal eine ganze Freiwache hatte durchschlafen können, wußte er nicht mehr, es kam ihm wie eine Ewigkeit vor. Obwohl es ständig vor seinen

Augen flimmerte, schleppte er Kohlen aus einem der Seitenbunker, Schaufel für Schaufel. Er merkte nicht, daß seine Bewegungen immer langsamer wurden.

Aber der Heizer merkte es, und als der Dampfdruck zu sinken begann, warf er ihm eine Schaufel Kohlen zwischen die Beine, um ihn aufzumuntern. Als das keine Wirkung zeigte, warf er die Schaufel hinterher. Sie traf den Trimmer am Schienbein. Apathisch ließ der 27jährige Brite den Wutausbruch über sich ergehen. Er griff hilfesuchend nach seiner Trinkwasserkanne, aber die war leer. Wortlos verließ er den Heizraum durch den angrenzenden Maschinenraum. Das war bei gutem Wetter untersagt, doch Jonny kümmerte sich nicht mehr um Verbote, auch nicht um den wachhabenden Maschinisten Meinicke, der ihm kopfschüttelnd nachsah. Endlos lange schien Jonny die Kletterei hinauf an Deck. Endlich trat er benommen aus dem Maschinenraum ins Freie, nicht weit von der Ascheziehvorrichtung. Dann torkelte er an die Reling und ließ sich kopfüber ins Wasser fallen.

Jonny Tyning konnte nicht wieder aufgefischt werden, es war schon zu dunkel. Kaum einer hatte den Vorfall gesehen, nur ein Aufklatschen war gehört worden. Umkehren und nach einem Trimmer suchen, das kam für den Kapitän nicht in Frage. Die *Sommerfeld* hatte keine Zeit zu verlieren. Eine Eintragung ins Journal war alles, was an den Mann erinnerte, der so gern Lehrer geblieben wäre. Die Heizer seiner Wache aber verfluchten ihn. Jetzt mußten sie noch mehr schuften, denn auf hoher See gab es keinen Ersatz für einen Verrückten, der glaubte, es im Himmel besser zu haben als auf Erden. Nur einer saß stumm mit an der Back und hielt den Blick gesenkt, denn *ihn* hatten sie mit dem Boot aus dem Wasser geholt, noch rechtzeitig, bevor die gefräßigen Haie die leichte Beute ausgemacht hatten.

In Adelaide desertierten fünf Heizer von der *Sommerfeld*. Sie hatten als Feuerleute angemustert, aber nicht um Kohlen zu trimmen. Sie hatten leichten Herzens auf die ihnen zustehende Restheuer verzichtet. Das war Kapitän Petersen nur recht, denn mit diesem Geld konnte er neue Leute anwerben. Sie fuhren bis Singapur mit, dann streikten drei von ihnen. Richard Stafford ließ sich drei Monate einsperren, Williams desertierte, und Cronin, der sich dazu nicht entschließen konnte, wurde auf der Weiterfahrt wahnsinnig. In Port Said schlich er vom Schiff, und keiner hielt ihn auf.

Der Kapitän stand auf der Brücke und sah ihm nach. Mehr unternahm er nicht. Warum auch? In Port Said fand sich leicht ein neuer Kohlentrimmer. Aber der Alte wußte nicht, daß Maschinisten und Assistenten an die Reederei in Hamburg geschrieben und seinetwegen ihre Abmusterung angekündigt hatten. Hinzu kam, daß sich auf der Hinreise Passagiere beim Schiffsarzt über verdorbenen Proviant beschwert hatten.

Als die *Sommerfeld* am 14. August 1891 die Elbe verließ, befanden sich 93 Passagiere an Bord. Von den angemusterten neuen Heizern stiegen in Antwerpen bereits die ersten fünf aus. Für sie konnte noch Ersatz besorgt werden. Am 31. August, das Schiff fuhr unter blauem Himmel durch die Straße von Gibraltar, fehlte der Trimmer Franz Bruder aus Ohlsbach in Baden. Er war noch in der Messe gewesen, hatte Kaffee für die Heizer aus der Kombüse herbeigeschleppt, und war dann vorausgegangen; so dachten sie, die Kollegen von seiner Wache. Doch vor den Feuern war er nicht angekommen. Er hatte sich davongemacht, ganz still und ohne einen Abschiedsbrief zu hinterlassen. Seine Arbeitsschuhe standen ausgerichtet an der Reling.

Umzukehren für einen Trimmer kam nicht in Frage. Also dampfte die *Sommerfeld* weiter in Richtung Suezkanal. Als der Dampfer Port Said erreichte, staunten einige Besatzungsmitglieder nicht schlecht, denn aus einer Ladeluke kletterte Franz Bruder. Er verließ das Schiff über die Gangway, ohne sich vom Kapitän zu verabschieden, und ihm folgten auf dem Fuß zwei weitere Heizer. Sie hatten die Nase gestrichen voll.

Die *Sommerfeld* fraß Kohle und ihre Trimmer. Im Roten Meer hatte der Trimmer Struppler einen Hitzschlag. Er wurde bewußtlos und litt unter heftigen Krämpfen und Erbrechen, aber das scherte den Ersten Maschinisten wenig. Unten fiel der Dampfdruck, die Heizer meuterten. Ein paar Tage später brach der Trimmer Peters zusammen: Hitzschlag! Unverkennbar die gleichen Symptome.

»Los! Vor die Feuer!« schrie ihn der Erste Maschinist Fendt an und nannte ihn einen verdammten Drückeberger, einen nichtsnutzigen Simulanten.

»Es geht nicht. Ich bin krank«, entschuldigte sich Trimmer Peters mit gleichgültig klingender Stimme.

Darauf schlugen beide Maschinisten mit Fäusten auf ihn ein. Doch so brutal sie auch vorgingen, Peters gehorchte ihnen nicht. Schließlich opferten sie einen Eimer Wasser und gossen ihn über dem zusammengesunkenen Trimmer aus.

Peters phantasierte. Er wußte nicht mehr, wo er war, erkannte weder die Maschinisten noch seine Kumpels. Seine glasigen Augen schauten ins Leere. Der Alte befahl, den »schwarzen Kerl« wegzuschaffen. Ein hinzukommender Heizer wollte eine Matratze holen, doch der Kapitän scheuchte ihn zurück vor die Feuer. Er selbst packte Peters am Kragen, schleppte ihn wie einen nassen Sack nach vorn und legte ihn auf der vordersten Luke ab. Ohne sich weiter um den Kranken zu kümmern oder den Schiffsarzt zu informieren, begab er sich auf die Kommandobrücke. Einige Stunden später stellte Dr. Bloch den Tod des Trimmers fest. Als Ursache notierte er Hitzschlag, und das Tagebuch des Schiffes war geduldig.

»Diese Schreiberei«, war alles, was dem Kapitän zum Tod des Trimmers einfiel. Das war für ihn kein Mord, kein Selbstmord, sondern Hitzschlag. Ein Verschulden der Schiffsleitung lag nicht vor, und das war auch gut so, denn es gab schon genug Ärger an Bord. In Melbourne hatte er 50 Pfund Strafe zahlen müssen, weil er nach amtlicher Feststellung die Passagiere zu schlecht verpflegt hatte. Ausgangspunkt war ein Zeitungsbericht über die hungernde Mannschaft der *Sommerfeld* und die Klagen von Müttern gewesen, die Kapitän Petersen um bessere Ernährung für ihre Kinder gebeten hatten. Dr. Bloch, der Schiffsarzt, hatte sich mit dem Alten überworfen und war ebenfalls ausgestiegen, ebenso ein halbes Dutzend Leute aus dem Maschinenraum.

Der tote Trimmer wurde noch am selben Tag über die Reling geschoben. Bevor der mit Ballast versehene Sarg ins Wasser rauschte, hatte der Kapitän die Flagge am Heck auf Halbmast setzen lassen. Peters, der Mann aus Altona, bekam ein feierliches Seebegräbnis, die Passagiere erlebten einen betenden Kapitän.

Die *Sommerfeld* setzte ihre Reise fort. Die über die Decks gespannten Sonnensegel brachten in der Hitze nur wenig Linderung. Inzwischen hatte sich der Trimmer Struppler etwas erholt und wurde wieder eingesetzt. Doch schon auf der zweiten Wache machte er wieder schlapp. Der neue Schiffsarzt gab ihm ein paar Kohletabletten gegen den ständigen Durchfall und mußte ihn auf Weisung des Kapitäns wieder in den Heizraum schicken.

Struppler folgte der Anweisung, aber als er im Maschinenraum ankam, mußte er sich auf einen in der Nähe des Niederganges stehenden Kasten setzen. Er wollte nur ein paar Minuten ausruhen und den Schwächeanfall überwinden. Dazu kam es aber nicht, denn der Maschinist Fendt entdeckte ihn und brüllte ihn an: »Du Aas, willst du die anderen für dich arbeiten lassen?« Er packte den Trimmer am Arm und zerrte ihn hoch. Doch Strupplers Beine streikten. Er fiel zu Boden und schlug hart mit dem Kopf auf die Flurplatten auf. Nach kurzer Zeit rappelte er sich wieder hoch. Ohne sich um den immer noch fluchenden Maschinisten zu kümmern, schlich er mit hängenden Schultern ins Heizerlogis und warf sich erschöpft auf seine schmale Koje. Eine Stunde später war er tot.

Drei Tage nach diesem erschütternden Vorfall verkroch sich ein anderer Trimmer unter einer Winsch an Deck und verweigerte den Dienst. Er wollte und konnte nicht mehr, sein Stolz war gebrochen. Mit Gewalt zogen ihn die Maschinisten heraus. Bei der anschließenden Schlägerei fielen beide über an Deck verlegte Rohrleitungen und verletzten sich dabei, der Maschinist nur leicht. Schweigend verschwand der verprügelte Trimmer nach achtern, wo sich das Schott zum Heizraum befand. Doch er hatte nicht vor, wieder in die Hölle des Schiffes hinabzusteigen. Er sprang über Bord, weil der Tod leichter zu ertragen war als das Leben auf dem Dampfer *Sommerfeld*. Er war gerade 27 Jahre alt geworden.

Die Verhandlung vor dem Seeamt Hamburg ergab, daß auf der *Sommerfeld* in der Zeit vom 17. bis 21. November 1891 24 Feuerleute desertiert waren. Drei Trimmer und ein Steward waren vorher auf See verstorben oder hatten Selbstmord verübt. Ein Verschulden der Schiffsleitung konnte jedoch nicht nachgewiesen werden.

## Winston Churchill rettet deutschen Seemann

Es begann im April 1902, als der fünfzehnjährige Hermann Presko als Schiffsjunge das hölzerne Deck der Bark *Honduras* betrat. Es war sein größter Wunsch gewesen, zur See zu fahren. Schließlich hatten die Eltern dem Drängen ihres Sohnes schweren Herzens nachgegeben und eingewilligt. Doch als er zum ersten Mal »sein« Schiff sah, es lag verdreckt unter einer Kohlenschütte, wäre er am liebsten umgekehrt. Hinzu kam ein Erster Offizier, dessen grobes Auftreten und unkultiviertes Benehmen ihn zutiefst verunsicherte. Als Moses auf einem Windjammer anzumustern, mit einem Dutzend harter Matrosen, erforderte eine gehörige Portion Selbstverleugnung, denn solange sie auf den Beinen waren, fluchten sie obszön und pöbelten miteinander.

Alles war Presko fremd, einschließlich der Sprache. Das änderte sich nur langsam. Trotzdem genoß er auch unbeschwerte, ja glückliche Stunden, wenn man ihn in Ruhe an Deck sitzen ließ und die Bark unter vollen Segeln durch die Tropennächte zog. Aber diese Augenblicke waren selten. Die meiste Zeit war er viel zu müde, um nach Arbeitsschluß noch an Deck zu gehen.

Der junge angehende Seemann durchlebte die ersten Wochen auf See wie im Traum. Das Essen war eintönig und ungewohnt, doch sein ständiger Begleiter, der Hunger, überwand den aufkommenden Ekel. Anders reagierten die Matrosen. Sie schimpften auf den schleimigen Steward, der gut riechende Speisen von der Kombüse nach achtern schleppte, um sie dem Kapitän und den beiden Offizieren zu servieren.

Schon auf der nach China führenden Hinreise kam es wiederholt zu Schlägereien zwischen Matrosen untereinander, aber auch mit dem Bootsmann und dem Ersten Offizier. Keiner scheute sich, Auseinandersetzungen mit den Fäusten auszutragen, auf gutes Einvernehmen legte man keinen Wert, und auch der Moses blieb von Schlägen nicht verschont. Hermann machte sich noch kleiner, als er schon war, und wäre am liebsten unsichtbar gewesen. Er nahm sich vor, auszusteigen und heimzufahren, sobald die *Honduras* einen Hafen anlief. Die christliche Seefahrt hatte er sich ganz anders vorgestellt.

Als die Bark endlich Hongkong erreichte, um ihre Kohlenladung zu löschen, hätte er Gelegenheit gehabt zu desertieren, doch nun scheute er sich, überhaupt an Land zu gehen. Zu exotisch schien ihm der fremde Hafen und seine Menschen. Die Lebensbedingungen an Bord hatten sich gebessert, es gab wieder frisches Fleisch und Obst. Die Matrosen lebten in den Tag hinein. Abends verließen sie das Schiff und kamen erst morgens müde an Bord zurück. Aber eines Tages fehlten vier Besatzungsmitglieder, als der Bootsmann zum Zutörnen rief.

Kurz bevor die *Honduras* den Hafen verließ, kamen vier neue an Bord, unter ihnen auch ein deutscher Matrose. Er besaß Bärenkräfte und redete nur das Allernotwendigste. Aus irgendwelchen Gründen schloß der Bordhund Poncho sofort Freundschaft mit dem Fremden. Mußte Henry, so hieß der Matrose, ins Rigg, wartete der Hund unten an den Wanten und winselte. Niemand hätte ihn von der Stelle gebracht.

Um diesen Hund gab es den ersten handfesten Krach zwischen dem Ersten Offizier und Henry. Auf der Hinreise hatte der grobschlächtige Erste den Hund mit Tritten traktiert. Als nun Poncho am Großmast saß und traurig nach oben blickte, wo sich Henry auf der Rah abmühte, um das Segel zu bergen, erleichterte sich der Hund. Wie früher auch, goß ihm der Erste dafür einen Eimer Wasser über den Kopf.

Henry hatte alles beobachtet und glitt an einer Pardune blitzschnell hinab. Ehe sich's der Erste versah, war der Matrose über ihm und drosch auf ihn ein. Die Überraschung half dem deutschen Matrosen, und danach sah der Erste gar nicht mehr gut aus. Eines seiner Augen war blau wie die Tiefsee, und seine Kinnlade hing windschief im Gesicht.

Der Alte, in seinem Mittagsschläfchen gestört und an Deck gelockt, schüttelte nur mißmutig den Kopf, als ihm der Erste den Vorfall aus seiner Sicht schilderte. Henry befragte er nicht, und der Matrose selbst wäre nie auf den Gedanken gekommen, sich zu rechtfertigen. Für ihn war der Fall erledigt. Der Hund mußte spüren, daß die Schlägerei um seinetwillen entstanden war, denn er schloß sich noch enger an Henry an.

War für den Matrosen die Sache geklärt, so galt das nicht für den nachtragenden Ersten. Er konnte die Schmach der Niederlage nicht verkraften und suchte eine Möglichkeit, sich zu rächen. Eine offene Auseinandersetzung, Mann gegen Mann an Deck, scheute er; zu gut hatte er die Wucht von Henrys Schlägen in Erinnerung. Aber im Bootsmann fand er schließlich den geeigneten Kumpan, und als das Schiff in der Nähe des Kaps der Guten Hoffnung westwärts segelte, paßten die beiden Gleichgesinnten den unter Deck befohlenen Henry ab. Als er wieder oben erschien, sah er fürchterlich zugerichtet aus. Der ahnunglose Hermann, von keinem Besatzungsmitglied zur Kenntnis genommener Schiffsjunge, war froh, auf Ausguck gehen zu können. Was sich in diesen Stunden im Volkslogis unter der Back zugetragen hatte, war absolut nichts für sein harmloses Gemüt.

Die Bark geriet in schlechtes Wetter. Öfter mußte die Freiwache nun nachts hinaus, um Segel zu bergen. Und plötzlich fehlte der Hund. Keiner hatte ihn gesehen, er war einfach verschwunden. Keiner widersprach Henry, als er den Verdacht äußerte, daß entweder der Bootmann oder der Erste Poncho außenbords geworfen habe.

Heftig stürmte es in dieser Nacht, und gegen Mitternacht wurde die Freiwache zum Halsen an Deck gerufen. Irgendwo unsichtbar lag Land in Lee. Brecher stiegen über die Schanz, wuschen über Deck und Luken. Mühsam hangelten sich die Männer an den Strecktauen entlang. Eine der Seen hatte einen Leichtmatrosen mitgerissen, seinen Hilferuf erstickte der Sturm. Als sein Verschwinden auffiel, waren schon Stunden vergangen. Ein Zurücksegeln war unmöglich, das sahen alle ein, lagen sie doch endlich auf dem anderen Bug und steuerten dem freien Seeraum entgegen.

Ein Brecher hatte auch das Volkslogis ausgewaschen. Das

wenige, was die Matrosen ihr Eigentum nannten, war dahin. Gegen viel Geld mußten sie sich aus der berüchtigten Slop Chest des Kapitäns bedienen. Als sie zusammenrechneten, stellten sie fest, daß sie monatelang umsonst geschuftet hatten. Das tat weh.

Hinzu kam, daß sich die Verpflegung weiter verschlechterte. Die Suppe wurde immer dünner, das Fleisch immer weniger. Und so wurde aus Groll langsam Haß. Von besserem Essen wollte der Kapitän nichts wissen. Er empfand den zaghaft vorgebrachten Protest als Beginn einer Meuterei und drohte, Kapstadt anzulaufen. Daß der Alte es ernst meinte, unterstrich sein Revolver, den er aus der Schublade genommen hatte. Noch einmal kuschten die Matrosen.

An dem Schiffsjungen Hermann ging auch dieser Vorfall unbemerkt vorbei. Keiner unterrichtete ihn, und niemand war da, der ihn ins Vertrauen zog. Hermann fühlte aber, daß sich auf der *Honduras* etwas Drohendes zusammenballte. Auch der bislang nicht in Erscheinung getretene Segelmacher muckte jetzt auf und war immer öfter im Matrosenlogis zu finden, wenn sie zusammenhockten und Pläne schmiedeten.

An einem arbeitsfreien Sonntag prügelte sich Henry erneut mit dem Bootsmann. Sofort hatten die Matrosen um die beiden einen Kreis gebildet. Weil Hermann nichts sehen konnte, stieg er ins Want und konnte von dort aus den Boxkampf verfolgen. Er dauerte nicht lange, am Schluß lag der Bootsmann auf den Planken und blutete aus der Nase.

Henry, so hieß es, war vor einigen Jahren von einem Auslandskreuzer der Kaiserlichen Marine desertiert. In Deutschland durfte er sich deshalb nicht blicken lassen. Zu gern wäre er aber wenigstens einmal noch heimgefahren; wo er aufgewachsen war, sagte er nicht, das ging niemanden etwas an. Daß er in Wirklichkeit nicht Henry hieß und auch nicht Markman, war allen klar.

Die Prügelei auf dem Vorschiff war, das wußte zu diesem Zeitpunkt noch keiner an Bord, das Startsignal für etwas, das bald folgen sollte: Mord!

Den ganzen Tag über hatte es geregnet, keiner von der Besatzung besaß auch nur einen trockenen Fetzen. Entsprechend schlecht war die Stimmung im Logis. Kurz vor Einbruch der Dunkelheit wurden die oberen Segel festgemacht. Da fiel etwas aus dem Rigg, schlug an Deck auf, und ein Schrei brachte den Ersten zur vermeintlichen Unfallstelle. Doch es war keiner von oben gekommen. Bevor der Steuermann die Falle erkannte, hatten ihn Matrosen gepackt und über Bord geworfen. Es klatschte, ein Hilferuf, dann war nichts mehr zu hören außer dem Prasseln des Regens auf der steifen Leinwand und dem Knarren der Takelage.

Hermann lag derweil in seiner Koje und schlief trotz seines knurrenden Magens. Deshalb bekam er auch nicht mit, daß die aufgebrachte Besatzung fürchterliche Rache übte. Die Leute schlichen nach achtern, überwältigten zunächst den schlafenden Bootsmann und dann den Zweiten Offizier, der keinem etwas Böses zugefügt hatte, aber als Zeuge dieser Nacht nicht weiterleben durfte. Dann standen sie vor der Tür der Kapitänskajüte. Vielleicht klopfte diesem oder jenem das Herz etwas schneller, aber ein Zurück gab es nicht mehr. Henry drückte sacht den Griff nach unten, und ohne zu knarren öffnete sich spaltbreit die Tür. Obwohl sich das verbrecherische Kleeblatt ungewöhnlich leise zur Koje bewegte, hatte der Alte seine Anwesenheit gespürt. Schon griff er unter sein Kopfkissen und wollte den geladenen Revolver ziehen. Doch einer der Matrosen war schneller, er packte die Hand des Alten, entwand ihm die Waffe und drückte sie auf ihren Besitzer ab. Ein ungläubiges Staunen stand im Gesicht des bärtigen Schiffsführers, als er tödlich getroffen zurückfiel. Wie die anderen Ermordeten wurde auch der Kapitän ins Meer geworfen.

Als Hermann in aller Frühe geweckt wurde, um Kaffee aus der Kombüse für die aufziehende Wache zu holen, staunte er nicht schlecht. Zwar war das Ruder besetzt, doch auf dem Achterdeck befand sich keiner der beiden Offiziere. Wie es aussah, hatte der alte Segelmacher die Führung der Bark übernommen. Er war der einzige an Bord, der einige navigatorische

Kenntnisse besaß. Zweifellos hatte sich die Stimmung über Nacht geändert. Doch durch Erfahrung gewitzt, fragte Hermann lieber nicht, sondern schwieg und machte sich nur seine Gedanken.

Es gab nun reichlich zu essen. Die Matrosen plünderten den kleinen, aber für manchen Rausch ausreichenden Alkoholvorrat und genossen das Leben. Eine Woche lang segelten sie westwärts, Brasilien entgegen, dort wollten sie die Bark stranden lassen. Weil aber ihr Vertrauen in die navigatorischen Fähigkeiten des Segelmachers nachließ, änderten sie den Plan: Bei der Annäherung eines Schiffes sollte das eigene in Flammen aufgehen.

Hermann bekam nun zum ersten Mal mit, was gespielt wurde, und erschrak. Bislang hatten sich die Matrosen um den kleinen, für sie dummen Schiffsjungen nicht gekümmert. Würden sie ihn nun mit ins Rettungsboot nehmen? Zweimal kam ein Dampfer in Sicht, und jedesmal stand einer mit der brennenden Lunte bereit, doch die Dampfer kümmerten sich nicht um die dahinziehende Bark, sie hatten es zu eilig. Es war Henrys Idee, in die beiden Rettungsboote zu steigen und sich der See anzuvertrauen. Sie kamen überein zu erzählen, daß Kapitän und Offiziere an einem offenbar vergifteten Fisch, den sie gemeinsam verzehrt hatten, gestorben wären. Das klang glaubhaft, und ein Beweis des Gegenteils war unmöglich, wenn sie bei dieser Version blieben. Das schworen alle hoch und heilig, auch Hermann.

Sie bereiteten in aller Ruhe das Verlassen der Bark vor und stiegen bei glatter See in die Boote, als sich ein Dampfer näherte. Zwei Stunden später waren sie »gerettet«. Die englische Besatzung hatte keinen Grund, an den Aussagen der Schiffbrüchigen zu zweifeln. Der Kapitän hörte sich die Geschichte an und trug den Vorfall ins Schiffstagebuch ein. Mit Fischvergiftung war nicht zu spaßen.

Zum Nachbunkern lief der Dampfer Las Palmas an. Die Crew hatte beschlossen, an dem Abend im Hafen zu Ehren der Geretteten eine Bordparty zu veranstalten. Und sie feierten entsprechend. Der Alkohol floß und löste die Zungen. Zwei der *Honduras*-Matrosen gerieten in Streit, ein unbedachtes Wort fiel, eine Drohung folgte, und bald ahnten die Dampfermatrosen, was sich auf der Bark abgespielt hatte. Keine Stunde später hatte die Polizei alle Mann kassiert.

Es war nicht schwer, die Wahrheit herauszufinden. Nur Hermann konnte wenig dazu beitragen, denn er wußte so gut wie nichts. Trotzdem wurde er genauso angeklagt wie die eigentlich Schuldigen. Das mörderische Kleeblatt wurde zum Tod durch den Strang verurteilt, und Henry gehörte dazu. Hinter dem Schiffsjungen Hermann aber schlossen sich die Zuchthaustore.

Sieben Jahre vergingen, dann wurde er zum Leiter der Anstalt gerufen. In Anwesenheit eines offensichtlich höher gestellten Herrn mußte er noch einmal die Meuterei auf der Bark *Honduras* schildern und seine Rolle dabei. Sieben Jahre lang hatte er immer wieder seine Unschuld beteuert. Nun hatte er so gut wie aufgegeben. Er hatte die Geschichte so oft erzählt, daß er sie auswendig kannte. Sie war lang, doch der fremde Herr zeigte keine Ungeduld, er verstand zuzuhören. »Werden Sie mir helfen?« fragte Hermann am Schluß seiner Erzählung.

»Ich werde sehen, was sich machen läßt«, war alles, was der Fremde sagte. Aber er hielt Wort. Der Gast war kein anderer als der damalige englische Innenminister Winston Churchill. Zwei Wochen später befand sich Hermann Presko auf freiem Fuß und durfte die Heimreise nach Deutschland antreten. Zur See zog ihn nichts mehr.

Daheim erzählte er niemandem etwas von seinen sieben verlorenen Jahren hinter Zuchthausmauern. Seine Eltern lebten nicht mehr, und die anderen ging die Geschichte nichts an. Trotzdem mußte er bis an sein Lebensende an Henry denken, den seltsamen deutschen Matrosen von der Bark *Honduras*.

## Flucht im Rettungsboot

1905 war der spätere Kapitän Gerdes ein aufstrebender Zweiter Steuermann auf dem amerikanischen Dreimaster *Edith Taylor*, beheimatet in St. John's, einem behaglichen Küstenstädtchen, das hervorragende Seeleute beherbergte. Was ihm damals widerfuhr, schilderte er so: »Die Flotte der Nova-Scotia-Schiffe – so genannt, weil sie in den Häfen der Ostküste von Kanada, in Neu-Schottland, registriert waren – lag in Philadelphia. Der *Edith Taylor*, einer schmucken Bark, hatte der Hafenmeister einen Platz unterhalb der Schiffswerft von Crams zugewiesen. Crams war damals ein Begriff in der Segelschifffahrt. Die hier gezimmerten Segler hatten etwas Leichtes an sich und waren aus einem Pulk unschwer herauszufinden.

Wir hatten eine Ladung Petroleum übernommen, achtzigtausend Kisten, bestimmt für Singapur. Von dort aus sollte es nach einem hinterindischen Reishafen gehen, nach Rangun, Bassein oder Moulmein. Nach welchem, war auch egal, die Häfen glichen einander und waren alle fieberverseucht. Kein angenehmer Aufenthalt für einen christlichen Seemann. Beriberi war das mindeste, was uns erwartete. Als wir endlich beide Anker auf der Back seefest gezurrt hatten und die Reise angetreten werden konnte, wurden zunächst die Wachen eingeteilt. Jetzt hatte ich Gelegenheit, die kurz zuvor an Bord gekommenen Matrosen in Augenschein zu nehmen. Vertrauenerweckend sah die Crew nicht aus, mancher Galgenstrick blickte mich herausfordernd an. Und mit denen sollte ich mindestens zwölf Monate unterwegs sein? Außer dem Kapitän, uns beiden Steuerleuten, Bootsmann, Zimmermann, Segelmacher, Koch und Steward hatten achtzehn Matrosen die Musterrolle mehr oder weniger freiwillig unterschrieben. Nur zehn von ihnen hatten schon mal Salzwasser gerochen, den Rest hatte pure Abenteuerlust an Bord geschwemmt oder der Heuerbaas Thomson.

Der aus Quebec stammende Kapitän O'Brien machte einen

erfahrenen Eindruck. Auffälliger benahm sich mein Kollege, der Erste Steuermann MacCarty. Er war knapp zwei Meter groß, mit Händen so breit wie Kohlenschaufeln. Auf dem Achterdeck verschaffte er sich sofort Respekt, indem er sich mit dem Stärksten der Wache anlegte und ihn verdrosch. Er langte ein-, zwei-, dreimal richtig zu, dann lag der schottische Matrose zusammengekrümmt im Wassergraben und blutete aus der Nase. Damit war die Hackordnung klar, und vorerst gab es keine weiteren Probleme mit den Leuten. Der Alte hielt sich vornehm zurück. Er erschien nicht einmal an Deck, um nach der Ursache des Lärms zu sehen.

Der Wind meinte es gut mit der *Edith Taylor*. Er blieb erst weg, als wir in die Nähe des Äquators kamen. Auf Freiwache hatten am späten Abend einige Matrosen vom Klüverbaum aus einen Bonito gefangen und ihn dem schwarzen Koch zur Zubereitung überlassen. Es war ein Prachtfisch, und verständlicherweise freuten sich die Matrosen auf die Mahlzeit. Doch als sie zum Essen erschienen, gab es nur Bohnen mit Salzfleisch. Der köstlich zubereitete Fisch war von uns Achterschiffsgästen verzehrt worden. Ich muß gestehen, daß ich überhaupt nicht wußte, woher der Fisch kam, und schon gar nicht wäre ich auf den Gedanken gekommen, daß unser Koch ihn der Mannschaft unterschlagen hatte. Dieser verfluchte Fisch war an allem schuld, doch wer konnte das ahnen?

Wir lagen also in einer ausgedehnten Flaute. Unsere einunddreißig Segel schlugen in der windstillen, heißen Luft. Wie ein Korken wiegte sich die *Edith Taylor* auf dem endlos blauen Teich. Aber dieser Friede wurde jäh von den aufgebrachten Matrosen gestört, die sich vor der Kombüse versammelt hatten und vom Smutje die Herausgabe ihres Fisches verlangten. Daß der Bonito nicht mehr vorhanden war, störte sie nicht, das war sozusagen nicht ihr Problem. Sie drohten dem Schwarzen fürchterliche Prügel an. Ein Matrose hatte sich bereits in die Kombüse gezwängt, und seine Faust traf den Koch unter dem linken Auge. Danach drehte der Seemann ab, um dem nächsten Platz zu machen.

Wutentbrannt griff sich der Koch das auf dem Hackklotz liegende lange Messer und rammte es dem Matrosen in den Rükken. Ein dicker Blutstrahl schoß aus der Wunde. Der Schwede brach zusammen und war tot, bevor sein Kopf auf die Planken schlug. Das hatte natürlich keiner gewollt. Aber nun brach die Hölle los. Alles ging so furchtbar schnell, als ob ein Rädchen ins andere griffe, so daß keiner von der Schiffsleitung entscheidend eingreifen konnte. Als der schwarze Koch zur Besinnung kam und begriff, was er angerichtet hatte, überfiel ihn kaltes Entsetzen. Er riß sich aus der Umklammerung los und sprang mit einem gewaltigen Satz über die Schanz ins Meer.

Der Ruf: »Mann über Bord!« veranlaßte mich, meine Kammer zu verlassen und an Deck zu gehen. Unterwegs traf ich den Alten, der in Unterhosen lächerlich wirkte. Noch bevor einer die Zurrings vom Boot gelöst hatte, war schon alles vorbei. Neben dem Koch, der nicht schwimmen konnte und mit den Armen wütend aufs Wasser schlug, wälzte sich ein Hai auf den Rücken. Ein gellender Schrei, dann färbte sich das Wasser rot.

Ein Italiener übernahm die Arbeit in der Kombüse. Er war nicht besser und nicht schlechter als der Schwarze. Vielleicht hielt er mehr zur Mannschaft, aber wer konnte ihm das nach dem Vorfall verdenken? Acht Wochen nach der Ausreise rundeten wir das Kap der Guten Hoffnung und segelten mit stürmischen Winden weiter. Ich glaubte, daß sich die Stimmung an Bord wieder beruhigt hatte, doch mein Eindruck täuschte, wie sich leider bald herausstellte. Es gärte nach wie vor im Vorschiff, und das Faß lief über, als eines Abends der italienische Koch aus dem Proviantraum ein Fäßchen Branntwein nach vorn schmuggelte.

Wie Irre stürzten sich die Matrosen auf das Teufelszeug, das seine Wirkung nicht verfehlte. Als der Erste zum Brassen der Rahen rief, kam keiner von seiner Wache. Er wiederholte den Befehl, doch niemand ließ sich blicken. MacCarty holte seinen Revolver aus der Kammer und betrat so bewaffnet das Matrosenlogis im Vorschiff. Etwas wie Besinnung zog in die benebelten Köpfe ein. Auf jeden Fall bewegten sich die Leute hinaus an Deck und begaben sich an die Brassen. Aber sie alberten betrunken herum.

Das machte den Ersten erst recht wütend, und er verteilte Fausthiebe. Die Schläge trafen Schuldige und Unschuldige gleichermaßen hart und wirkten wie ein Signal. Die Seeleute ließen die Brassen fahren und stürzten sich auf den verhaßten Steuermann. So schnell gab der sich nicht verloren, er griff zum Revolver und drückte ab. Einer der Matrosen stürzte getroffen zu Boden. In diesem Augenblick tauchte der Alte auf. Ohne lange zu überlegen oder den Versuch zu unternehmen, seine Leute zu beruhigen, schoß er und traf ebenfalls.

Die beiden Leichen wurden von MacCarty einfach über die Reling ins Meer geworfen. Kein Gebet, kein Wort, kein Bedauern. Für ihn war die Sache erledigt, dachte er. Bis er feststellte, daß sein Revolver verschwunden war. Einer der Angreifer hatte ihm die Waffe aus der Hand geschlagen, aber wo war sie geblieben? Wer hatte sie beiseite gebracht?

Der französische Matrose Jacques wurde wegen Mordversuchs am Kapitän in Eisen gelegt. Er war mit einem feststehenden Messer auf den Alten losgegangen, im Suff zwar, aber solche Entschuldigungen galten nicht. Es half auch nichts, daß ihm seine Tat inzwischen leid tat und er sie aufrichtig bereute. Der Alte glaubte ihm kein Wort und noch weniger der Erste. Das war ein großer Fehler, wie sich bald herausstellen sollte.

Die Matrosen waren nur vorübergehend eingeschüchtert, bald heckten sie einen neuen teuflischen Plan aus. Denn sie konnten sich an den Fingern abzählen, was ihnen drohte, wenn das Schiff einen Hafen erreichte. Meuterei wurde hart bestraft.

Plötzlich war der Erste Steuermann tot. Der Alte hatte ihn leblos in seiner Kajüte gefunden. Wunden waren nicht zu sehen; wie sich herausstellte, hatte ihn jemand vergiftet. Eines mußte man dem Alten lassen: Furcht kannte er nicht. Verblüfft war er, mehr nicht. Als er – entschlossen, der Sache auf den Grund zu gehen – das Deck betrat, wurde er von zwei Matrosen gepackt, emporgehoben und über die Reling geworfen. Im Knattern der Segel gingen seine Hilferufe unter. Wer hätte ihm auch jetzt noch helfen können außer dem lieben Gott? Führerlos stürmte die *Edith Taylor* in rascher Fahrt durch die finstere Nacht.

Entgegen meiner sonstigen Gewohnheit hatte ich in dieser Nacht meine Kammertür von innen verriegelt. Ich wurde hellwach, als der Drücker langsam betätigt wurde und sich ein Körper gegen die Tür stemmte. Das konnte nichts Gutes bedeuten. So holte ich meinen schußbereiten Revolver unter dem Kopfkissen hervor und richtete die Mündung auf die Tür. Aber draußen im Gang verhallten schon sich entfernende Schritte.

Hastig kleidete ich mich an und schlich vorsichtig an Deck. Dort stieß ich zum Glück auf den Bootsmann. Er hieß Patrick und hatte öfter Partei für die Achterschiffsgäste ergriffen. Zu uns gesellte sich noch der in Papenburg zur Welt gekommene Frerich Tjarks; er hatte Neuigkeiten aufgeschnappt. Danach wollten die Meuterer in der folgenden Nacht das Schiff anstecken und es in den Rettungsbooten verlassen.

Die Sundastraße lag vor dem Bug der *Edith Taylor*. Land zu erreichen konnte kein Problem sein. Diese Pläne waren plausibel und die Leute gerissener, als ich dachte. Ich mußte, schon um am Leben zu bleiben, mir etwas einfallen lassen. Es schlugen sich noch zwei Matrosen auf unsere Seite, ein junger blonder Schwede und ein gebürtiger Stettiner. Sie waren nicht gewillt, Mord und Totschlag gutzuheißen.

Ich hätte den Windjammer mitsamt seiner Ladung in der Sundastraße auf Strand setzen können, aber die Gefahr, daß wir alle dabei umkamen, war zu groß. Ich überlegte hin und her und hatte schließlich die rettende Idee: Wir mußten den Meuterern zuvorkommen. So einfach war das!

Vorsichtig und leise wurde eines der Rettungsboote zum Aussetzen vorbereitet. Das zweite Boot aber, das zurückbleiben mußte, beschädigten wir so schwer, daß es nicht mehr schwimmfähig war. Und wir hatten Fortuna auf unserer Seite, denn als wir das Boot gemeinsam zu Wasser brachten, regnete es in Strömen. Keiner der Meuterer hielt sich an Deck auf. Sie ließen im Logis die Rumflasche kreisen und schmiedeten Zukunftspläne.

Jedenfalls kam das Boot heil unten an. Einer nach dem anderen ließen wir uns am Tampen hinuntergleiten und atmeten erleichtert auf, als die Dunkelheit die weitersegelnde *Edith Taylor* verschluckte. Das Ruderrad war festgelascht, wie ein Gespensterschiff segelte sie davon.

Als die Meuterer gewahr wurden, daß wir verschwunden waren, konnten sie nicht mehr umkehren und uns suchen. Sie saßen nun selbst in der Falle. Sie konnten nicht mehr von Bord, und keiner von ihnen verstand etwas von Navigation. Die Seekarten hatte ich wohlweislich mitgenommen. Was blieb den Meuterern anderes übrig, als Kurs zu halten und zu hoffen, daß bald Land in Sicht käme und sich das Wetter nicht verschlechtern würde?

Ich hatte im Boot die Pinne übernommen. Kurz vor Mittag kreuzte ein schwedischer Dampfer mit Kohlen für Batavia unseren Kurs und wurde auf uns aufmerksam. Der Kapitän hielt uns für Schiffbrüchige und staunte nicht schlecht, als er die Wahrheit hörte. Ich mußte die Story dreimal erzählen, bis er sie glaubte.

Zwei Tage später erreichten wir wohlbehalten Batavia, und ich erstattete bei der niederländischen Hafenbehörde Anzeige gegen die Meuterer. Noch am selben Tag lief ein Schlepper mit mir als Lotsen aus, um in der westlichen Einfahrt der Sundastraße nach der *Edith Taylor* zu suchen. Zu meinem Schutz befanden sich mehrere bewaffnete Hafenpolizisten an Bord.

Südlich vom Leuchtfeuer Anjer entdeckte ich ein auf Strand liegendes großes Segelschiff mit zerfetzten Tüchern an den Rahen. Es war die *Edith Taylor*. An Deck ließ sich keine Menschenseele sehen. Auch die Wohnräume waren leer, und es fehlten die beiden leichten Jollen vom Dach des Logishauses.

Die *Edith Taylor* lag zwar fest auf einer Sandbank, doch sie konnte geborgen werden. Wie sich herausstellte, denn die Suche ging weiter, waren die Jollen in der Brandung höchstwahrscheinlich gekentert. Ob auch nur einer der Meuterer das rettende Land erreicht hatte, konnte nicht geklärt werden.

Und ich? Ich wurde Kapitän auf der reparierten *Edith Taylor* und segelte das Schiff zunächst nach Singapur, dann nach Bassein und zurück nach New York.«

# Die Meuterei auf der *Potemkin*

Die für Rußland so verlustreiche Seeschlacht bei Tsushima war geschlagen. Fahnengeschmückt kehrte am 28. Mai 1905 die siegreiche japanische Flotte in ihre Häfen zurück. Es war wie immer im Krieg um wirtschaftliche Macht und politischen Einfluß gegangen. Auf russischer Seite waren die Verluste mit über 5000 Toten erschütternd hoch. Der unglückliche Admiral Roschdestwensky, der mit werftreifen, überalterten Kampfschiffen in diese Auseinandersetzung geschickt worden war, geriet in Gefangenschaft. Im Frieden zu Portsmouth verpflichtete sich Rußland danach zur Räumung der Mandschurei und erkannte die japanische Vorherrschaft in Korea an. Die verlorene Seeschlacht im Fernen Osten blieb auch im Zarenreich selbst nicht ohne Folgen. Auf den Schlachtschiffen der Schwarzmeerflotte begann es zu gären. Erste sozialdemokratische Zellen fingen an, revolutionäre Thesen in den überfüllten Unterkünften der Matrosen und Heizer zu verbreiten.

Nichts deutete am 27. Juni 1905 darauf hin, daß dieser Sommertag ein Meilenstein in der russischen Geschichte werden würde. Hätte sich noch am Vormittag ein Vorgesetzter aus der Admiralität beim Kommandanten des Schlachtschiffs *Potemkin* nach der Moral seiner Besatzung erkundigt, hätte der als tüchtig geltende Kommandant keinen Grund gehabt, sie in Frage zu stellen. Im krassen Gegensatz zu einigen anderen Einheiten der Schwarzmeerflotte herrschte auf seinem Schiff Zucht, Ordnung und Disziplin.

Kurz vor Mittag verließ das in der Werft überholte Schiff den Hafen Sewastopol, um in der 150 Seemeilen entfernten Tendrabucht Proviant zu übernehmen. Mit dem Gemüse kam auch eine größere Menge Rindfleisch an Bord, das wie üblich auf dem Oberdeck an Haken zum Trocknen aufgehängt wurde, denn Tiefkühlräume gab es noch nicht. Ungewöhnlich war, daß das Fleisch schon stank und mit weißen Maden besetzt war. Spontan bildete sich darum eine Gruppe maulender Seeleute und forderte den Proviantmeister auf, das offensichtlich verdorbene Fleisch entweder zurückzugeben oder über Bord zu werfen.

Die Unruhe an Deck blieb dem Kommandanten nicht verborgen, er bat den Chefarzt, die Fleischstücke zu begutachten. Unwillig verließ Dr. Smirnow die Offiziersmesse. Die Matrosen übersah er oder tat jedenfalls so. Dann setzte er seinen Zwicker auf, was ihn noch arroganter aussehen ließ, und betrachtete oberflächlich die beanstandeten Fleischstücke. Trotz des ekelerregenden Gestanks behauptete der Schiffsarzt: »Tadelloses Fleisch! Muß nur mit Essig abgewaschen werden!« Damit war für die Schiffsführung der Fall erst einmal abgeschlossen.

Der Kommandant hatte kein anderes Ergebnis erwartet, wohl aber seine einfachen Leute, die er gewöhnlich nicht zu Gesicht bekam. Torpedowart Afanasi Matuschenko galt als belesener Rädelsführer der revolutionären Keimzelle auf der *Potemkin*. Obwohl er insgeheim strenge Parteiorder hatte, sich vorerst zurückzuhalten, bis eine bessere Ausgangsposition für die große Meuterei in der Marine geschaffen worden war, ergriff er die Initiative. Wo bislang politische Hetzschriften gegen Väterchen Zar nicht zum Ziel gekommen waren, hatten einige stinkende Fleischstücke nun den gewünschten Erfolg. Nie war die Gelegenheit günstiger, das Signal für einen Aufstand in der Flotte auszulösen.

Als zum Essen auf der *Potemkin* getrommelt wurde, versammelten sich zwar die Leute auf ihren Plätzen, doch keiner rührte den aufgetischten Borschtsch an. Machtlos betrachteten die Bootsleute die Aufsässigen und wußten nicht weiter. Bald schlugen die Trommeln und riefen die Leute zum Appell. Die gesamte Besatzung trat auf dem Achterdeck an. Die Füße scharrten, keiner sprach ein lautes Wort. Aber es lag Unheil in der Luft.

Die 670 Seesoldaten des Zaren sahen in ihren sauberen weißen Uniformen blendend aus. Das sind keine Meuterer, keine Revolutionäre, mochte Kapitän Eugen Golikow bei ihrem Anblick denken, als er die Front seiner Offiziere abschritt. Von hohem Stand aus musterte er länger als gewöhnlich die Leute, bevor er zu sprechen begann. Er gab jedem die Chance, sich zu besinnen; wer bereit war, den Borschtsch zu essen, dem sollte vergeben sein. Nur eine Handvoll älterer Bootsmänner trat aus der Reihe. Damit war die Versöhnungsversammlung geplatzt. Golikow war mit seinem Latein am Ende. Er verschwand beleidigt in seiner Kajüte und überließ wie so oft die Lösung des Problems seinem Ersten Offizier. Fregattenkapitän Ippoli Giljarowski glaubte, mit einem gewagten Bluff zum Erfolg zu kommen. Er sprang entschlossen auf die Ankerwinde, rief die Wache heraus und forderte eine Persenning an Deck. Was das bedeutete, wußten alle. Aber die einfachen Leute ahnten nicht, daß Giljarowskis Befugnisse nicht ausreichten, um auch nur einen Mann erschießen zu lassen.

Unterdessen hatte der Oberbootsmann der Wache befehlsgemäß ein paar Männer wahllos herausgegriffen und die Persenning über sie geworfen. Von achtern drängte nun Afanasi Matuschenko nach vorn, gefolgt von seinen engsten sozialistischen Genossen. Furchtlos forderte er die Wache auf, nicht die Gewehre auf die Kameraden zu richten, und rief: »Wir übernehmen das Kommando auf dem Schiff!«

Das bedeutete Meuterei.

Der Erste Offizier hatte nun kaum noch eine andere Wahl. Er sprang von seinem Platz herunter und griff sich eines der Gewehre. In diesem Augenblick knallte ein Schuß, ein Matrose hatte den Abzug betätigt. Der Schuß ging in die Luft, aber Fregattenkapitän Giljarowski fühlte sich angegriffen. Er zielte und traf. Der Matrose sackte zusammen, jede Hilfe kam für ihn zu spät. Aber der zweite Tote auf der *Potemkin* war der Erste Offizier. Afanasi Matuschenko hatte ihn erschossen, und damit geriet an Bord alles außer Kontrolle. Keiner hatte die Jagd auf die Offiziere des Schiffes angeordnet, und doch fand sie statt. Wer nicht getötet wurde, versuchte schwimmend ein in der Nähe ankerndes Torpedoboot zu erreichen.

Der eigentliche Verursacher der Meuterei, Chefarzt Dr.

Smirnow, wäre in der Aufregung fast vergessen worden, hätte er nicht versucht, sich umzubringen. Gegen den Kommandanten hatte kaum einer der Besatzung etwas einzuwenden, sie hatten ihn ja während der dreimonatigen Bordzeit nur selten zu Gesicht bekommen. Trotzdem mußte er sterben. Matuschenko überließ die Hinrichtung einem Matrosen, der wegen schlechten Betragens vom Kommandanten degradiert worden war.

Das mächtigste Schlachtschiff im Schwarzen Meer gehörte nun Meuterern. Entsprechend groß und ungezügelt war zunächst der Jubel. Er entlud sich in einem Saufgelage, denn die Türen zum Proviantraum standen alle offen. Jeder bediente sich und genoß die Stunden. Aber Matuschenko wußte: Sollte kein Katzenjammer folgen, mußte der Funke der Revolution weitergegeben werden, sonst waren sie alle verloren. Seine Rechnung, die Besatzungen der anderen Schiffe würden ihrem Beispiel folgen, erwies sich als Irrtum. Zwar gelang es den Rädelsführern, das Volk in Odessa aufzuwiegeln, doch die Kosaken des Zaren erstickten den halbherzigen Aufstand in Blut. Mehr als 7000 Tote kostete diese Fehleinschätzung. Der Torpedowart der *Potemkin*, Afanasi Matuschenko, war mit seinem revolutionären Programm gescheitert. Er wußte es nur noch nicht.

Die Meuterei auf der *Potemkin* hatte internationale Reaktionen ausgelöst, denn unter anderem war die Schiffahrt im Schwarzen Meer dadurch zum Erliegen gekommen. Obwohl Admiral Tschuchnin dort eine Reihe Schlachtschiffe befehligte, hielt er es für klüger, den offenen Kampf zu vermeiden. Er schickte die Besatzungen auf unbestimmte Zeit nach Hause. Die englische *Times* teilte ihren Lesern auf der Insel mit, daß die mächtige Schwarzmeerflotte aufgehört hätte zu bestehen. Dabei war dies der erfolgreichste Schachzug des fälschlich als feige beschimpften Admirals.

Die Revolutionäre auf der *Potemkin* sahen sich nun gezwungen, den rumänischen Hafen Constanza anzulaufen und dort um politisches Asyl zu bitten. Die Stimmung an Bord war längst umgeschlagen, lähmendes Entsetzen machte sich breit.

Die rumänische Regierung sagte ihnen Asyl zu, und das besserte vorübergehend die Lage auf dem Schlachtschiff. Auf der Fahrt dorthin wurde die große rote Flagge im Meer versenkt. »Nur das Schwarze Meer war Zeuge unserer gebrochenen Herzen und unserer Tränen«, schrieb später Matuschenko in seinen Lebenserinnerungen.

Am 8. Juli 1905 lief langsam, denn es war noch dunkel, das Schlachtschiff *Potemkin* in den Hafen von Constanza ein. Als der Tag anbrach, begaben sich die Leute in die Boote; an Land wurden sie von Mitgliedern der örtlichen Sozialdemokratischen Partei mit stürmischer Begeisterung begrüßt. Zuvor hatten auf Matuschenkos Befehl die Heizer die Flutventile des Schiffes geöffnet. Die *Potemkin* kenterte nicht, versank auch nicht wie gehofft in den Fluten, sondern setzte sich sachte auf Grund. Die Aufbauten und ein Teil des Rumpfes blieben über Wasser. Das Schiff konnte später verhältnismäßig leicht geborgen und wieder instand gesetzt werden.

Die rumänische Regierung hielt ihre Zusage gegenüber den Meuterern ein. Die 600 Männer fanden Arbeit auf den Schiffswerften von Constanza. Afanasi Matuschenko und vier seiner engsten Freunde nahmen die Amnestiebedingungen, die von der russischen Regierung 1907 erlassen wurden, treuherzig an. Er wurde aber schon beim Überschreiten der Grenze verhaftet und als Verräter aufgehängt. Seine Freunde starben in sibirischen Arbeitslagern.

# Drei Monate in Ketten

War die möglicherweise nur von wirren Halbstarken geprobte Meuterei auf der amerikanischen Kriegsbrigg *Sommers* eine umstrittene Angelegenheit, so folgte 1910 die wohl verrückteste ihrer Art, diesmal auf einem amerikanischen Walfänger. Zum Glück endete sie nicht mit einer Hinrichtung, aber doch mit Zuchthaus für fünf Beteiligte, die sich besonders hervorgetan hatten.

Wenn es um Walfang geht, kommt keiner an Hermann Melvilles »Moby Dick« vorbei. Der Autor selbst war mit verschiedenen Walfängern auf Jagd gewesen, auch auf einem australischen Schiff hatte er angemustert. Dessen Besatzung meuterte, als der Walfänger Tahiti anlief, um Proviant zu ergänzen. Hermann Melville gehörte zu den Aufständischen und landete zusammen mit seinen Kameraden im Gefängnis. Meuterei war ihm also nicht fremd, und das Leben auf amerikanischen Schiffen kannte er aus eigenem Erleben. Aber auch das muß gesagt werden: Melville war als Nationalist kaum zu übertreffen. In seinen Romanen und Erzählungen sind amerikanische Kapitäne gütig bis großartig und tüchtiger als Schiffsführer anderer Nationen. Auf amerikanischen Schiffen herrschte Ordnung und Disziplin, daran ließ Melville nicht rütteln. Und doch entsprach seine Überzeugung nicht ganz der Realität.

An einem tristen Aprilmorgen des Jahres 1910 stach der amerikanische Walfänger *Pedro Varela* von New Bedford aus in See, begleitet von einem riesigen Schwarm dickbauchiger Möwen, als wüßten sie von der Bedeutung der Reise. Wären sie dem Walfänger gefolgt, hätten sie immer einen voll gedeckten Tisch gehabt. Bei vielen Seeleuten galten Walfänger als unsinkbar. Ihre Planken waren getränkt mit Tran, so daß die Wellen nie über die Schanz gelangten. Die zusammengewürfelte Besatzung bestand aus gescheiterten Taschendieben, arbeitslos gewordenen Zuhältern und aus dem Gefängnis freigekauften Einbrechern und Ganoven. Auch ein paar von der britischen Royal Navy gesuchte Deserteure hatten die Heuerliste der *Pedro Varela* unterschrieben. Kapitän des Walfängers war ein strenggläubiger Portugiese mit Namen Antonio Corvelho. Woher er kam, wußte keiner, und er hielt es nicht für notwendig, auch nur einen seiner Offiziere ins Vertrauen zu ziehen.

Zunächst begann die auf lange Zeit angelegte Reise ohne bemerkenswerte Vorkommnisse. Die Leute hatten Zeit, sich an das Schiff zu gewöhnen. Die dickbauchige *Pedro Varela* war kein Schnellsegler. Bei einseitiger Kost gab es zunächst wenig zu tun. Langeweile kam auf. Das änderte sich erst, als bei den Azoren der erste Pottwal gesichtet wurde.

Die Jagd begann, der Wal hatte keine Chance. Bald war das Wasser blutig, und eine rote See stieg auf. Erschöpft vom Kampf, blieb der Wal an der Oberfläche. Die Männer auf der *Pedro Varela* gerieten bei seinem Anblick außer sich vor Freude und stürzten sich mit Feuereifer in die Arbeit des Zerlegens.

Bald aber flaute das Interesse der Männer ab, die zum ersten Mal auf Walfang waren. Das eintönige Leben an Bord war schon schwer genug zu ertragen, hinzu kam die ungewohnte Arbeit bei schlechtem Essen. Zunächst blieb es bei Flüchen und Beschwerden, denn noch regierten die Fäuste des Dritten Steuermannes, eines kräftig gebauten Schwarzen ohne viel Verstand. Er war schnell zur Stelle, wenn es galt, die Ordnung wiederherzustellen.

Aber die so unterschiedlich aufgewachsenen Männer, die der Zufall auf dieses Schiff geführt hatte, lebten nicht in Frieden und Eintracht zusammen. Verbale Auseinandersetzungen und Schlägereien waren an der Tagesordnung. Locker saß ihnen das Messer im Gürtel, und das Leben auf engstem Raum bot tausend Gründe, sich aneinander zu reiben. Doch je länger sie den arroganten Kapitän ertragen mußten, desto mehr schlossen sich die Leute zusammen. Walter Hammond, der diese Reise mitmachte, hat ausführlich über die Vorfälle an Bord berichtet. Er schlug sich auf die Seite der Unzufriedenen.

Eines Tages begegnete die *Pedro Varela* der ebenfalls aus

New Bedford stammenden Bark *Morning Star*. Es war windstill, und kein Wal blies. So kam es zu einem regen Besucheraustausch. Voller Neid stellten die Seeleute der *Pedro Varela* fest, wie angenehm es sich auf dem Walfänger *Morning Star* lebte. Das Wasser schmeckte im Gegensatz zu ihrer »Jauche« wie Nektar, das Essen war köstlich und ausreichend, der amerikanische Kapitän schien ein gütiger, besonnener Mann zu sein, der kaum Alkohol zu sich nahm. Das konnte keiner ihrem Kapitän nachsagen, auf dessen Tisch die Weinkaraffe nie fehlen durfte. Als das Besucherboot zum eigenen Schiff zurückkehrte, war Kapitän Antonio Corvelho so betrunken, daß er sich kaum auf den Beinen halten konnte.

Die Männer nutzten die Gelegenheit, um ihm ihre Meinung über die Zustände auf seinem Schiff zu sagen. Betrunken, wie er war, interessierte ihn das nicht. Höhnisch entgegnete er, daß sie es nicht besser verdienten. Je schlechter die Verpflegung wäre, um so weniger würden sie essen! Dieses Urteil verbreitete sich wie ein Durchzug unter Deck und verschaffte Corvelho weitere Feinde. Als er es auch noch ablehnte, am Tag der Unabhängigkeitserklärung der Vereinigten Staaten die amerikanische Flagge zu setzen, und den arbeitsfreien Nationalfeiertag aus dem Kalender strich, war die Geduld der Crew am Ende. Sie stürzte sich nicht mit Speckmessern bewaffnet auf den Kapitän, keinem der Steuerleute wurde auch nur ein Haar gekrümmt, jeder Befehl wurde ausgeführt, und doch hatte sich über Nacht die Situation auf dem Walfänger entscheidend geändert. Die meuternden Seeleute hatten nämlich alle für den Walfang notwendigen Geräte entweder über Bord geworfen oder unbrauchbar gemacht. Nach dem Motto: »Wenn mein starker Arm es will, stehen alle Räder still« war aus dem Walfänger ein Kreuzfahrer geworden.

Die Männer gaben sich gelassen, aber der portugiesische Kapitän tobte vor Wut. Er ließ sechs Matrosen in Eisen schließen und in einen engen Raum unter Deck einsperren. Damit hatten die Seeleute zwar nicht gerechnet, aber sie nahmen es notgedrungen hin. Dem Schiffsführer blieb keine andere Wahl, als im nächsten Hafen die Ausrüstung zu ergänzen. Das war Fayal auf den Azoren. Antonio Corvelho hatte gehofft, hier die meuternden Seeleute absetzen zu können, doch die portugiesischen Behörden lehnten energisch ab. Sie wollten die Meuterer nicht haben, die Tat war auf einem amerikanischen Schiff geschehen, also sollten die Amerikaner die Angelegenheit unter sich bereinigen.

Nach Ergänzung der Ausrüstung beeilte sich der Kapitän, die *Pedro Varela* wieder auf See zu bringen, um die Jagd fortsetzen zu können.

Drei Monate später erschien der Walfänger erneut vor Fayal, um Tranfässer loszuwerden. Dabei gelang Walter Hammond die Flucht von Bord. Umgehend suchte er den amerikanischen Konsul auf, und der zwang den Kapitän, seine fünf immer noch eingesperrten Leidensgenossen freizulassen. Während der Walfänger wieder in See ging, kehrten die Meuterer mit einem anderen Schiff nach Amerika zurück. Doch kaum hatten sie strahlend das Land betreten, wurden sie von Polizisten verhaftet und eingesperrt. Ihre Beschwerden über die unmenschlichen Zustände auf dem amerikanischen Walfänger prallten von den Geschworenen ab. Selbst der Hinweis, daß der portugiesische Kapitän den Nationalfeiertag mißachtet hätte, fruchtete nicht. Bis auf Walter Hammond landeten alle fünf für einige Jahre wegen gemeinschaftlicher Meuterei im Zuchthaus.

# Des Kaisers Heizer streiken

Im Herbst 1916 war es erstmals in der Geschichte der Kaiserlichen Marine auf dem Linienschiff S.M.S. *Helgoland* zu Disziplinlosigkeiten gekommen, die aber von der Marineleitung nicht ernst genommen wurden. Der Gedanke, daß die Heizer streiken könnten, kam den Offizieren nicht. Weitere Aktionen größeren Stils folgten am 20. Juli 1917 auf dem Kreuzer S.M.S. *Pillau*. Obwohl Urlaub nicht genehmigt wurde, verließen 140 Matrosen und Heizer trotzdem das Kriegsschiff. Zehn Tage darauf kam es zur Meuterei auf dem Linienschiff S.M.S. *Prinzregent Luitpold*.

Ursachen für die zunehmende Unzufriedenheit an Bord der deutschen Großkampfschiffe waren mangelhafte Führung und eine ungenügende, eintönige Verpflegung; verschärfend wirkte, daß die Offiziere Sonderverpflegung erhielten. Außerdem hatte die Marineleitung entschieden zu wenig unternommen, um dem täglichen Einerlei auf den Dickschiffen zu begegnen, die meist untätig in den Häfen gammelten, während ihre Kameraden auf kleineren Einheiten sich im Krieg bewähren konnten.

Wegen Bestrafung einiger Matrosen mit Arrest kam es zu Protesten innerhalb des Marinegeländes. Nun glaubte die Flottenleitung, energisch durchgreifen zu müssen. Aber auch schon damals galt: Wer zu spät handelt, den bestraft das Leben. Im Prozeß gegen die aufsässigen Matrosen und Heizer kam es zu harten Urteilen. Entsprechend der Marinestrafgerichtsordnung verhängte Kriegsgerichtsrat Dobring fünf Todesurteile, Admiral Scheer unterschrieb aber nur zwei. Am 5. September 1917 wurden auf dem Schießplatz Wahn bei Köln Max Reichpietsch und Albin Köbis im Morgengrauen erschossen. Zwar waren nun die Anführer tot oder eingesperrt, aber das von der im April gegründeten Unabhängigen Sozialdemokratischen Partei Deutschlands (USPD) verbreitete pazifistische Gedankengut lebte weiter.

Oktober 1918: Die Friedensverhandlungen zwischen Deutschland und der Entente kamen schnell voran. Auf deutscher Seite ging es nur noch um Verbesserungen der Ausgangsposition. Admiral Scheer war fest davon überzeugt, daß seine Großkampfschiffe noch Siegesaussichten gegen die britische Flotte hatten. Ein Sieg hätte das Vaterland vom drohenden Schicksal einer Kapitulation befreit, dachte er. Während er von Berlin aus ins Große Hauptquartier zurückfuhr, schickte er den Chef des Stabes der Seekriegsleitung nach Wilhelmshaven zum Flottenkommando mit dem Befehl: »Hochseestreitkräfte sollen zum Angriff gegen englische Flotte angesetzt werden.«

Admiral von Hipper, Chef der Hochseeflotte, und sein Stabschef, Admiral von Trotha, hielten den baldigen Einsatz der Schiffe für richtig. Zwei Pläne lagen seit langer Zeit ausgearbeitet in den Schubladen: ein Unternehmen gegen die englische Ostküste, das andere gegen die Südküste und die flandrische Küste.

Inzwischen gingen die Verhandlungen um einen Waffenstillstand weiter. Präsident Wilson forderte die militärische Kapitulation Deutschlands, was einigen Militärs nicht annehmbar schien. Der Beginn des Vorstoßes der deutschen Hochseeflotte gegen die englische Südküste wurde auf den 30. Oktober festgesetzt mit dem Ziel, eine Entscheidungsschlacht zu suchen. Das Unternehmen sollte so lange wie möglich geheim bleiben, und um den Gegner zu täuschen, wurde ein Manöver bei Helgoland angekündigt. Trotzdem sickerte die Wahrheit durch. So fehlten beim Auslaufen des Kreuzers S.M.S. *Straßburg* am 27. Oktober vierzig Heizer. Das konnte kein Zufall sein. Sie wurden aufgestöbert und an Bord zurückgebracht. Weiter geschah ihnen nichts.

Am Abend vor dem geplanten Auslauftermin traf jedoch beim Flottenchef folgende Meldung ein: »S.M.S. *Regensburg*, 29. Oktober 1918: Die Erste Division weigerte sich heute bei ›Pfeifen und Lunten aus‹ die Backen hochzuschlagen, und verlangte auf Urlaub zu gehen. Die Dritte Heizerwache war zur gleichen Zeit im Ausgehanzug im Zwischendeck angetreten und weigerte sich, an die Arbeit zu gehen. In beiden Fällen gelang es dem Ersten Offizier, die Ordnung wieder herzustellen.«

Wie verabredet kam es am selben Tag auch auf anderen Großkampfschiffen zu Unruhen. Zunächst waren es zögernde Versuche. So wurde auf S.M.S. *König* gegen ein Inseegehen des Schiffes gehetzt. Die sich besonders auffällig verhaltenden Heizer wurden festgenommen, danach herrschte wieder Ruhe an Bord. Ähnlich ging es auf S.M.S. *Kronprinz Wilhelm* zu, während auf S.M.S. *Großer Kurfürst* die wachhabenden Offiziere beschimpft wurden. Flugblätter machten die Runde mit den Parolen: »Hoch lebe die Entente!«, und: »Hoch lebe die Revolution!«

Noch gab es keinen direkten Widerstand gegen die Anordnungen der Vorgesetzten, aber die Zeichen mehrten sich, daß Gewalt nicht mehr fern lag. Es kam zu Ausschreitungen auf S.M.S. *Markgraf*. Der Befehl auseinanderzugehen wurde nur widerwillig befolgt. Drohreden gegen die Offiziere erklangen, der Lärm war auf anderen vor Anker liegenden Schiffen deutlich zu vernehmen. Der Kommandant eines Torpedoboots kam in die Nähe der *Markgraf*, um Hilfe anzubieten, denn die Besatzungen auf den kleinen Einheiten der Kaiserlichen Marine waren immer noch loyal. Nur allmählich erfuhren die Offiziere den wahren Grund der Unruhen an Bord: Matrosen und Heizer waren überzeugt, daß die Offiziere lieber den Tod durch Feindeshand suchen wollten, als ehrlos zu kapitulieren.

Auch auf dem Flaggschiff der Flotte gärte es, doch es kam zu keiner Disziplinlosigkeit. Am Abend des 29. Oktober versammelten sich die Kommandanten des Dritten Geschwaders bei ihrem Chef, der gerade von einer Sitzung auf dem Flaggschiff zurückgekehrt war. Der Chef des Stabes der Hochseeflotte hatte unter dem Druck der Verhältnisse die geplante Operation gegen England auf unbestimmte Zeit verschoben. Das ursprünglich nur als Täuschung geplante Manöver bei Helgoland sollte als normale Übung durchgezogen werden, um die Besatzungen wieder zu disziplinieren.

Als am 30. Oktober früh die Anker gelichtet werden sollten, lag dichter Nebel über der Deutschen Bucht. Gegen acht Uhr klarte es endlich auf, so daß auf der *Thüringen* Befehl gegeben wurde, seeklar zu machen. Gruppen bildeten sich an Deck und sangen Reservisten- und Heimatlieder, ansonsten rührte sich keine Hand. Auch auf S.M.S. *Helgoland* erschien nur ein Teil der Besatzung an Deck.

Die eigentliche Meuterei begann jedoch erst um 22.00 Uhr. Das Erste Geschwader sollte in See gehen, um bei Hellwerden die zum Torpedovorstoß nötigen Minenräumarbeiten zu dekken. Als auf *Thüringen* und *Helgoland* der Befehl »seeklar« durchs Schiff ertönte, versammelte sich ein Teil der Besatzung in der Vorbatterie. Die Männer löschten das elektrische Licht und durchschnitten die Taljen beider Ankerstopper.

Im Lauf der Nacht nahmen dann die Ausschreitungen und Sabotageakte weiter zu. Kommandos der Offiziere wurden nicht mehr ausgeführt, auf der *Thüringen* erschienen die Heizer nicht vor den Kesseln. Nichts ging mehr. Durch Morsespruch meldete der Kommandant dem Geschwaderchef den Ausbruch offener Meuterei. Nun sollte ein Exempel statuiert werden, um der Lage wieder Herr zu werden. Ein mit Seesoldaten besetzter Dampfer legte an der *Thüringen* an. Drei Torpedoboote lagen in der Nähe, bereit, notfalls mit Gewalt einzugreifen. Die Rebellen wurden zum letzten Mal aufgefordert, sich zu ergeben. Schon war die Back der *Thüringen* geräumt, der Befehl zum Feuern sollte erteilt werden, da verließ die Meuterer der Mut, und sie ergaben sich wie auch die Rebellen der *Helgoland*. 151 Matrosen und 56 Heizer wurden an Land gebracht und eingesperrt.

Bei dieser Stimmung in der Flotte war jedoch ein Manöver nicht mehr durchführbar. Irrtümlich glaubte der Chef des Dritten Geschwaders, die Ursache für die Unzufriedenheit seiner Leute zu kennen. Seiner Meinung nach waren die Leute zu lange von ihrem Heimathafen Kiel weg gewesen. So kam es zu jenem verhängnisvollen Entschluß, das Dritte Geschwader nach Kiel zu schicken.

Der Admiral hatte versäumt, die Rädelsführer auf S.M.S. *Markgraf* festnehmen zu lassen. Als er dies nachholen wollte – die Einheiten passierten gerade den Kaiser-Wilhelm-Kanal –, war es dafür zu spät. Die Versuche, die Verhafteten des Geschwaders zu befreien, gaben den letzten Anstoß zur offenen Revolte in Kiel.

Es kam zu einer mächtigen Demonstration in der Stadt. An der Ecke Brunswiker Straße und Karlstraße erfolgte der Zusammenstoß. Ein Trupp Chargierter, von einem Offizier geführt, stellte sich dem langen Demonstrationszug entgegen. Als dessen Anführer nicht kuschten, ließ der Offizier schießen. Tote und Verwundete, darunter Frauen und Kinder, waren die Folge. Die meuternden Matrosen schossen zurück, der Offizier wurde tödlich getroffen. Nun gab es kein Zurück mehr. Hinter sich hatten die Matrosen die drohende Vergeltung der militärischen Macht. Vor sich sahen sie den Frieden, den Sturz der herrschenden Gewalten, die Heimkehr und einige wohl auch die Umgestaltung der Gesellschaft.

Ein Soldatenrat wurde gebildet. Am Morgen des 5. November ruhte die Arbeit, und die meuternden Matrosen besetzten die Werften. Sie trugen rote Schleifen, rote Kokarden, rote Mützenbänder, und von den Masten vieler Schiffe wehte die rote Flagge der Revolution, doch nicht von allen.

Das Dritte Geschwader hatte Kiel wieder verlassen und befand sich auf dem Weg in die Travemünder Bucht. Dort lag im Dock der Kaiserlichen Werft zwecks Überholung das Linienschiff S.M.S. *König*. Es führte immer noch die Kriegsflagge und war den Roten ein Dorn im Auge. Die Werftbesetzer verlangten die umgehende Beseitigung dieser Provokation. Um ihrer Forderung mehr Nachdruck zu verleihen, fuchtelten sie mit ihren Gewehren herum. Doch der Kommandant, Kapitän z. See Karl Weniger, und seine Offiziere weigerten sich. Es fielen Schüsse. Der Kommandant wurde verwundet, zwei seiner Offiziere fielen: Kapitänleutnant Bruno Heinemann und Leutnant zur See Wolfgang Zenker. Nach ihnen benannte die Kriegsmarine später zwei Zerstörer. Am Mast der *König* stieg die Flagge der Revolution hoch, die bald ganz Deutschland erfassen sollte.

An die beiden Erschossenen des Jahres 1917, Reichspietsch und Köbis, erinnert eine von der Regierung der ehemaligen DDR errichtete Gedächtnisstätte an der Kubuzenhofbrücke in Rostock.

# Die roten Piraten

Weil beim Prozeß gegen die Piraten vor dem Außerordentlichen Schwurgericht in Hamburg weder der Staatsanwalt noch der Verteidiger auf das politische Geschehen in Deutschland und Hamburg während der ersten Monate des Jahres 1920 eingingen, ist es wichtig zu wissen, daß im Februar 1920 alle Teilnehmer des KPD-Parteitags in Durlach verhaftet wurden. Ein Ultimatum der Regierung an die »roten Truppen« im Ruhrgebiet folgte einen Monat später. Dazwischen lag der von rechts eingefädelte Kapp-Putsch. In Hamburg fanden die Putschisten Sympathie beim Garnisonsältesten, Oberst Adolf Freiherr von Wangenheim. Er ließ in der Nacht die Rathäuser von Hamburg und Altona besetzen. Seine Truppen rückten aber wieder ab, als sich die der SPD nahestehende Einwohnerwehr und Teile der Sicherheitspolizei unter den Befehl des Senats stellten.

Am 16. März 1920 kam es in Barmbek zu blutigen Auseinandersetzungen zwischen der Polizei und überwiegend kommunistischen Demonstranten, die ein energisches Vorgehen gegen alle Putschversuche von rechts forderten. An dieser Demonstration beteiligten sich auch einige Personen, die im Verlauf eines späteren Schiffsraubs und der Überführung nach Rußland eine Rolle spielten. Hauptakteur war dabei der 1895 in Düsseldorf geborene Seemann Hermann Knüffken, Matrose auf dem Fischdampfer *Senator Schröder*. Während der Matrosenunruhen im Revolutionsjahr 1918 war er auf seinem Vorpostenboot nicht so richtig zum Zuge gekommen, und als KPD-Mitglied wollte er diese Scharte nun unbedingt auswetzen. Seine Bewährungsprobe kam schneller als gedacht, denn er hatte beim Bierchen lauthals damit geprahlt, daß es nichts Leichteres gäbe, als einen Fischdampfer zu stehlen und damit zu verschwinden, am besten nach Rußland. Dort würde man sie mit offenen Armen empfangen, waren sie doch Brüder.

Am 18. April erschien auf der Bezirksstelle der KPD in Hamburg der 1888 in Neiße geborene Kommunist Franz Jung. Er war von der Kommunistischen Arbeiterpartei beauftragt, als deutscher Vertreter an der dritten Internationale in Moskau teilzunehmen, doch seine Bemühungen um einen Paß waren kläglich gescheitert. Nun wußte er nicht weiter und dachte daran, als blinder Passagier auf einem Schiff nach Rußland zu fahren. Die Hamburger Genossen sollten ihm helfen, das richtige Schiff zu finden. Als Wahlberliner kannte er sich an der Wasserkante nicht aus und fühlte sich im Hafen überfordert.

Die Genossen hätten dem Delegierten gern geholfen, der sich als Schriftsteller ausgab, was nichts bedeutete, denn die vielen kleinen kommunistischen Blätter mußten täglich mit aufrührerischen Artikeln gefüllt werden. Es gab so gut wie keine klassenkämpferische Arbeiterliteratur. Da war die Parteiführung froh über jeden, der sich zum Schreiben berufen fühlte. Vor allem eines aber konnte Franz Jung: reden!

Die Hamburger Genossen kamen kaum zu Wort. Sie begriffen, daß unbedingt ein Vertreter der deutschen Kommunisten in Moskau anwesend sein mußte, wenn es um die Fortsetzung der Weltrevolution ging. Ihre eigenen Bemühungen, die Sozialdemokraten in Deutschland notfalls mit Gewalt aus den Regierungsämtern zu entfernen, waren vorerst gescheitert, aber nicht aufgegeben. Ihre Zeit würde noch kommen. Sie sahen aber keine Möglichkeit, den Genossen als blinden Passagier auf eines der Schiffe zu bringen, denn die Siegermächte unterbanden noch jeden Frachtverkehr und bestanden auf Ablieferung der deutschen Handelsschiffe als Reparationszahlung. Zwar gab es noch einen Weg – über Dänemark, Stockholm und St. Petersburg –, aber der war zu zeitraubend. Nie wäre der Delegierte auf diesem Weg rechtzeitig in Moskau eingetroffen.

Als sie noch überlegten, denn eine Lösung mußte gefunden werden, erinnerte sich einer an den besoffenen Fischdampfermatrosen, mit dem er neulich zusammengesessen hatte. Dieser Aufschneider hatte doch behauptet, es wäre einfach, einen Fischdampfer statt auf Fischfang lieber nach Rußland dampfen zu lassen. Es war Pech, daß der Dampfer nicht in Hamburg lag, sondern in Cuxhaven, aber Glück, daß er demnächst auslaufen sollte.

Als Hermann Knüffken von einem Cuxhavener Genossen ins Vertrauen gezogen wurde, wollte er zunächst kneifen. Sie hockten in der Hafenkneipe »Beim Leuchtturm« beisammen, Knüffken wie immer, wenn er erregt war, mit zusammengekniffenen Lippen. Natürlich konnte er sich an die in Hamburg geführte Unterhaltung erinnern, auch daran, daß er ein bißchen zuviel Alkohol getrunken hatte. Aber allein, so sagte er jetzt zu seinem Cuxhavener Genossen, könne er das Unternehmen nicht schaffen, er brauche Verstärkung, wenigstens zwei Bewaffnete, die ihm unterstellt würden. Sein Verhandlungspartner sah das schließlich ein und versprach, sich sofort darum zu kümmern. Eile war geboten, denn die *Senator Schröder* sollte am 21. April nach Island auslaufen, um Kabeljau und Dorsch zu fangen. Sie mußte so weit nach Norden, denn in der Deutschen Bucht lagen immer noch zu viele Minen aus dem großen Krieg.

Wie Verschwörer verabschiedeten sich die beiden. Knüffken steckte seine Hände tief in die Hosentaschen und schlenderte zurück auf die *Senator Schröder*. Er hatte schon zwei Reisen mitgemacht und kannte sich gut aus an Bord. Der Kapitän mit seinen sechzig Jahren würde ihnen kaum Schwierigkeiten machen, außerdem hatte er in Cuxhaven Frau und Kinder. Knüffken hatte dem Genossen verschwiegen, daß sich an Bord mit den Matrosen Heyde und Arnswold bereits zwei Gesinnungsfreunde befanden. In langen Gesprächen am Kneipentisch hatten sie gemeinsame Ideale festgestellt, und Knüffken hatte die beiden einfach denkenden Seeleute zu jeder Protestaktion mitgeschleift.

Kaum an Bord zurückgekehrt, nahm er die beiden Kumpel beiseite und erzählte ohne große Umschweife stichwortartig, was anlag und was er vorhatte.

»Das ist doch gemeinschaftliche Meuterei«, behauptete Hermann Arnswold naiv, »und die wird streng bestraft. Mit dem Tod, hab' ich gelesen.«

Knüffken schüttelte erbost den Kopf. »Quatsch, Mann, doch nur, wenn wir zurückkommen nach Deutschland! Aber warum sollten wir? In Rußland werden sie uns mit offenen Armen empfangen, dort ist das Paradies der Arbeiter. Jeder bekommt Haus und Land geschenkt, das haben aus Rußland kommende Kumpels gesagt. Ich habe es selbst gehört.«

»Ich kann gar nicht mit einem Gewehr umgehen«, versuchte Hermann noch einmal aufzumucken, aber wieder hatte der andere Hermann die besseren Argumente: »Brauchst du auch nicht, es kommen zwei Rote Kämpfer an Bord und fahren mit. Die wissen, wie man mit Revolver oder Handgranaten umgeht. Du brauchst eigentlich so gut wie gar nichts zu machen, nur die Klappe zu halten.«

Noch in derselben Nacht brachte der Cuxhavener Gewährsmann einige Revolver und Handgranaten in den Hafen. Mit ihm kamen zwei Männer namens Appel und Klahre; breitschultrig waren sie und trugen ihre Kappen mit den roten Kokarden verwegen auf den Köpfen. Hermann Knüffken schüttelte kräftige Hände und nickte zufrieden. Mit diesen Männern konnte er noch ganz andere Dinge drehen als einen Fischdampfer entführen. Sie kamen überein, daß sie noch am selben Abend an Bord kommen und dort im Mannschaftslogis versteckt werden sollten. Am Tag war das viel zu gefährlich. Auch der Schriftsteller aus Berlin sollte sich einfinden, allerdings hatte er sich in Cuxhaven noch gar nicht gemeldet. Der Hamburger Kommunistenführer Appel beruhigte die Gemüter: Er hatte Jung auf der Bezirksstelle persönlich gesprochen, der würde schon rechtzeitig eintreffen.

Als der Fischdampfer am 21. April kurz nach 17.00 Uhr die Leinen loswarf und Kurs auf die Elbmündung nahm, ahnte Kapitän Gewold nicht, daß sich drei blinde Passagiere an Bord befanden. Schon ein solcher Gedanke war absurd. Wer würde freiwillig mit einem alten, fast verrotteten Dampfer auf Fischfang nach Island wollen außer dem jungen Kapitän Wolters? Der aber fuhr auf dieser Reise nur mit, weil er demnächst den Dampfer übernehmen sollte. Angemustert waren zwei Steuerleute, drei Maschinisten, fünf Matrosen, drei Heizer und ein Koch.

Es dämmerte, als der Fischdampfer die Alte Liebe passierte. Sie hatten die Abfahrtzeit so gelegt, daß die Ebbe sie mit in die Deutsche Bucht nahm, das sparte Kohlen und Zeit. Im Laderaum lagerte Eis für den erhofften Fang. Die Netze waren in Ordnung, deshalb gab es für die Besatzung nichts weiter zu tun als sich ordentlich auszuruhen von den durchzechten Nächten in Cuxhaven. Die Leute verdienten nicht schlecht, wenn der Fang einigermaßen gut war. Fische waren gefragt, denn die Versorgung der Bevölkerung mit Lebensmitteln war auch nach Kriegsende noch nicht zufriedenstellend.

Das erste der Feuerschiffe lag achteraus. Auf der engen Kommandobrücke standen Schulter an Schulter die beiden Kapitäne und klönten miteinander. Dabei ging es hauptsächlich um Fisch, denn es war nicht leicht, die Netze zu füllen und mit einer vollen Ladung heimzukehren. Eine Nase dafür mußte man haben, »eine Fischernase«, wie Kapitän Gewold sich ausdrückte. Es war nicht viel los auf der Elbe: Ein, zwei Hamburg anlaufende kleine Küstendampfer kamen ihnen entgegen, und sie selbst überholten einige Fischkutter. Die Schiffahrt hatte sich eben noch nicht erholt.

Die beiden Kapitäne ahnten nicht, daß unter der Back im Matrosenlogis eine Meuterei vorbereitet wurde. Hermann Knüffken war allerdings nervös wie ein junges Füllen, und Arnswold wäre lieber daheimgeblieben, als sich an dieser Kaperung zu beteiligen. Was, wenn sich der Alte nicht einfach ergab? Wenn Gewalt angewendet, wenn geschossen werden mußte? Appel mußte zwangsläufig die Führung übernehmen, denn mit Knüffken war im Augenblick nicht zu rechnen. Er erteilte Instruktionen und gab schließlich das Zeichen zum Beginn der Aktion.

Hermann Knüffken nickte. Zum Glück merkte keiner, wie heftig sein Herz unter dem dicken Pullover schlug, als er das Schott hinter sich schloß, übers Deck ging und zum Steuerhaus hinaufklomm. Er hatte nicht vorausgesehen, daß möglicherweise beide Kapitäne oben sein würden. Was, wenn nun beide ... Aber umdrehen konnte er nicht mehr.

»Was ist?« fragte der wachhabende Steuermann, als der Matrose die Brücke betrat.

»Nichts weiter. Aber Heyde liegt unten auf seiner Koje und zittert. Könnten Sie«, er wandte sich dem Alten zu, »nicht mal nach ihm sehen?« Knüffken hatte den Kapitän richtig eingeschätzt; Gewold hätte auch den Steuermann nach vorne schikken können, aber das war nicht seine Art. Und so folgte er Knüffken ins Matrosenlogis. Kapitän Wolters machte zwar Anstalten mitzukommen, aber im letzten Augenblick überlegte er es sich anders und blieb oben.

Feuerschiff *Elbe 1* war zum Greifen nahe. Sein Feuerschein wischte über die leicht bewegte See und streifte den schwarz gestrichenen Fischdampfer, über dem eine dunkle Rauchwolke hing. Als die beiden Männer über das eiserne Deck gingen, hörten die im Matrosenlogis wartenden Verschwörer die Schritte und richteten sich darauf ein. Der »Kurier der Sowjets«, wie er sich nannte, versteckte sich, so gut das eben ging, denn falls geschossen werden mußte, wollte er nicht getroffen werden. Die beiden Berufsrevolutionäre standen mit entsicherten Waffen hinter der Tür. Hermann Knüffken ließ dem Kapitän den Vortritt, schloß die Tür aber sofort hinter sich. Erstaunt starrte der Kapitän die fremden Leute auf seinem Schiff an. Dann erst sah er die Waffen in ihren Händen und begriff, daß die ihm bekannten Seeleute wie Heyde und Arnswold mit den Fremden gemeinsame Sache machten.

»Was wollen diese Leute hier, und was zum Teufel sollen die Waffen?« fragte der Alte wütend und drehte sich nach Knüffken um, der hinter ihm stand und jetzt ebenfalls eine Waffe auf ihn richtete.

Statt die Frage zu beantworten, entgegnete Knüffken, nun wieder in seinem Element: »Sie sehen, wir sind alle schwer bewaffnet mit Gewehren, Pistolen, Handgranaten und Maschinengewehren. Jeder Widerstand ist zwecklos. Wir nehmen Besitz von dem Schiff und sperren Sie einstweilen ins Kabelgatt.

Der Dampfer geht unter meiner Führung statt nach Island ins Weiße Meer, um den Sowjetkurier Jung und den Hamburger Kommunistenführer Appel dort anzulanden.« Mit den Maschinengewehren hatte er geblufft, aber Angeberei gehörte eben zu seinem Wesen.

Der Alte war jedoch durchaus nicht eingeschüchtert, auch die aufgeblasenen Worte des Matrosen hatten ihn wenig beeindruckt. Er liebte zwar seine Familie und das Leben, war aber auch Führer eines Schiffes, das ihm vom Reeder anvertraut worden war. Im Krieg hatte er bei der Kaiserlichen Marine gedient, als Kommandant eines bewaffneten Fischdampfers. Angst hatte er nicht, er wollte die Maschinengewehre erst sehen.

Knüffken war für einen Moment verblüfft, dann aber hatte er sich wieder gefaßt. Mit vorgestrecktem Kopf entgegnete er barsch: »Vorwärts! Wenn Sie's nicht glauben, können wir ja mal schießen!«

Nicht nur seine Kumpel Heyde und Arnswold zuckten zusammen, auch der Schriftsteller Jung zeigte schwache Nerven. Kaltblütig blieben nur die beiden Berufsrevolutionäre Appel und Klahre. Sie waren es auch, die den Kapitän packten und ins Kabelgatt schleppten. Für einen Augenblick zeigte Kapitän Gewold Angst, denn er fürchtete, erschossen zu werden. Das aber hatten die Meuterer nicht im Sinn, sie sperrten den Kapitän nur ein.

Die erste Runde hatten sie gewonnen, noch aber war der Fischdampfer nicht in ihrer Gewalt. Der Feuerschein von *Elbe 1* lag weit achteraus, die routinemäßige Kursänderung war vom Steuermann vorgenommen worden. Als Kapitän Wolters der Gesprächsstoff ausging, hatte er sich verabschiedet und war in seine Kammer gegangen.

Unterdessen hatte sich Hermann Knüffken, der selbsternannte neue Kapitän der *Senator Schröder*, mit der Pistole in der Hand und gewachsenem Selbstbewußtsein in den Maschinenraum geschlichen, um den diensttuenden Ersten Maschinisten zu überwältigen. Auch das gelang. Wilhelm Lobsien war alles andere als ein Held, er folgte dem Matrosen gehorsam ins Kabelgatt, wo ihn der Kapitän begrüßte. Bald gesellten sich noch zwei Männer dazu, Kapitän Wolters und der Steuermann Prahm. Weil das Kabelgatt als Gefängnis für einen längeren Aufenthalt aber ungeeignet war, wurden sie am Tag danach wieder herausgeholt und im Matrosenlogis eingesperrt.

Die Führung des Fischdampfers übernahm nun Hermann Knüffken, der während des Krieges bei der Marine einige nautische Kenntnisse erworben hatte. Der Rest der Besatzung wurde unter Androhung von Gewalt gezwungen, ihren Dienst zu verrichten. Weil das Knüffken aber nicht ausreichend schien, versprach er ihnen nach Erfüllung der Aufgabe eine Belohnung von 40000 Mark. Das waren Argumente, die bei den Leuten gut ankamen. Was auch hätten sie gegen die bewaffneten Gangster unternehmen können? Über eines waren sie sich einig: Das hatten sie dem Knüffken nicht zugetraut!

Der Dampfer änderte den Kurs und fuhr längs der norwegischen Küste zum Weißen Meer. Wenn Knüffken schlafen wollte und die Brücke verließ, rückte an seine Stelle entweder Appel oder der mundfaule Klahre. Sie trauten dem Frieden an Bord nicht und legten ihre entsicherten Pistolen nicht aus den Händen. Ansonsten vergingen die Wachen im üblichen Takt, bis am 30. April die russische Küste in Sicht kam. Bei Alexandrowsk kletterte der Lotse an Bord, der das Schiff nach Murmansk brachte. Dort erklärten Hermann Knüffken und Jung, daß sie die *Senator Schröder* für die Sowjetunion beschlagnahmt hätten. Schon vorher hatte der Matrose Heyde den an beiden Seiten des Dampfers befindlichen Schiffsnamen abgemeißelt.

Während der ganzen Reise waren die Offiziere stets unter strenger Bewachung gehalten worden. An Deck durften sie sich täglich nur dreimal etwa fünf Minuten lang aufhalten, obwohl sie wiederholt um längere Erholungspausen in frischer Luft gebeten hatten. Während sie sich unten an Deck die Füße vertraten, stand immer einer der Piraten oben im Steuerhaus und paßte mit angeschlagenem Gewehr auf, daß sie nicht auf dumme Gedanken kamen. Als sich unterwegs keine Gelegenheit bot, den Dampfer wieder in die eigene Gewalt zu bekommen, setzten sie alle Hoffnung auf die Zeit im Hafen. Sie konnten sich nicht vorstellen, daß Rußland mit den Banditen gemeinsame Sache machen würde.

Nun lag das Schiff gut vertäut in Murmansk. Es geschah auch etwas, aber ohne daß sich die Lage der Offiziere verbesserte. Sie wurden an Land gebracht und in ein schmutzstarrendes Gefängnis gesteckt. Vergeblich protestierte der Kapitän gegen diese Behandlung, vergeblich verlangte er die sofortige Freilassung und eine Benachrichtigung der deutschen Regierung. Die Russen blickten stur an ihm vorbei, wenn er auf sie einredete. Wurde er zu laut, faßten sie die Halteriemen ihrer Gewehre fester, dann regte sich der Alte schnell wieder ab. Wenn die Sowjets einen Fischdampfer klauen, dann brauchen sie dafür keine Zeugen, dachte Kapitän Wolters. Aber um die anderen nicht noch mehr zu beunruhigen, behielt er seine Befürchtungen für sich. Vier Tage später wurden sie aus dem Gefängnis geholt.

Endlich geht es zurück an Bord, dachten sie, aber sie irrten sich. Als sie ihren Fehler einsahen, saßen sie schon unter Bewachung in der Eisenbahn. Wohin sie fuhren, wußten sie nicht, und die mit Gewehren bewaffneten Soldaten verstanden sie nicht. Zwei Tage später wurden sie aus dem Zug gestoßen, sie hatten ihr Ziel erreicht: St. Petersburg! Hier landeten sie nicht im Gefängnis, sondern wurden im Auswärtigen Amt untergebracht. Sie ahnten nicht, daß im selben Zug Hermann Knüffken, der Kommunistenführer Appel und der Schriftsteller Jung gesessen hatten.

Kapitän Gewold konnte mit seinen Offizieren nach vielen Bemühungen ausreisen. Kaum hatten sie die Stempel in ihren Pässen, wurden sie am 24. Juni mit einem Kriegsgefangenentransport nach Narwa in Marsch gesetzt. Dann hatten sie endlich wieder ein Schiffsdeck unter den Füßen, das des Stettiner Dampfers *Rugia*. Erleichtert atmeten sie auf, als es hinaus in die Ostsee ging, nach Hause. Natürlich war die Kaperung ihres

Dampfers bald der Hauptgesprächsstoff an Bord, und sie mußten ihre Erlebnisse immer wieder erzählen, auch dem Kapitän der *Rugia*.

Der Fischdampfer lag derweil immer noch im Hafen von Murmansk. Es ging weder hinaus auf Fischfang noch nach Hause. Daß Knüffken keinen Heller für die Mannschaft herausgerückt hatte, obwohl er ihnen doch 40000 Mark versprochen hatte, nahmen sie ihm übel. So ging man nicht mit Freunden um! Was lag näher als der Gedanke, den Dampfer erneut zu stehlen und damit zurück nach Cuxhaven zu fahren? Wie Helden würden sie dort gefeiert werden. So entwickelte sich Zug um Zug ein verwegener Plan. Sie hatten ja Zeit und mußten nichts überstürzen.

Verständnisvoll nickten die Russen, als sie hörten, daß die deutschen Brüder fischen fahren wollten. Schließlich war das ihr Beruf. Es war aber gewiß die Aussicht, am Fang partizipieren zu können, die schließlich den Ausschlag für die Genehmigung der Fangreise gab. Vorher aber brauchte die *Senator Schröder* unbedingt Kohlen für die Feuer. Auch sie wurden bewilligt, allerdings nicht in der gewünschten Menge. Aber bis Norwegen würden sie damit kommen.

Zu achten hatten sie auf ihren Kumpel Heyde und den wortkargen Roten Kämpfer Klahre. Hermann Arnswold brauchten sie nicht mehr zu fürchten, der lag krank in seiner Koje und wollte von der ganzen Weltrevolution nichts mehr wissen. Er bereute, sich auf ein derartiges Abenteuer eingelassen zu haben, das nach seiner Ansicht noch böse enden würde. Heyde und Klahre ließen sich davon überzeugen, daß die anderen nur Fische fangen wollten.

Der russische Lotse brachte den Dampfer aus dem Hafen und verabschiedete sich freundlich von den deutschen Genossen. Kaum aber war der Lotsenkutter außer Sicht, überwältigten die zur Vernunft gekommenen Leute die beiden Kommunisten und sperrten sie ein. Das ging leichter als gedacht. Klahre wollte wohl noch schießen, doch die Einsicht siegte, und viel geholfen hätte es ihm tatsächlich nicht.

Die neue Schiffsführung setzte Kurs auf Tromsö ab und machte dort Station, bis sie mit gefüllten Bunkern weiter nach Bergen dampfen konnte. Sie hatten vorgehabt, Heyde und Klahre beim deutschen Konsulat abzuliefern, doch auf dem Weg vom Hafen zum Konsulat hatten sich die beiden Männer befreit und entkommen können. Klahre tauchte nie wieder in Deutschland auf. Wahrscheinlich brachten ihn norwegische Genossen über die Grenze nach Rußland. Heyde aber wurde 1921 in Schweden gefaßt.

Der Fischdampfer lief am 24. Mai 1920 in die Elbmündung ein und machte gegen Mittag in Cuxhaven fest. Ein Begrüßungskomitee war nicht aufmarschiert, wohl aber die Polizei, der Hafenmeister und Leute von der Reederei.

Als am 11. Mai 1921 das Außerordentliche Schwurgericht in Hamburg gegen die Piraten zusammentrat – schließlich ging es um Raub, Meuterei und Freiheitsberaubung –, fehlte auf der Anklagebank der Schriftsteller Franz Jung. Auch Hermann Arnswold konnte nicht mehr belangt werden, seine Krankheit hatte ihn dahingerafft. Der Matrose Heyde aber stand vor den Schranken des Gerichts, denn die Schweden hatten ihn ausgeliefert. Er wurde wie die anderen verurteilt.

Die Entführung des Fischdampfers war Wasser auf die Mühlen derer, die vor den Bolschewiken warnten. Die Frage, was wohl mit der *Senator Schröder* geschehen wäre, wenn sie nicht von der eigenen Besatzung zurückerobert worden wäre, blieb unbeantwortet. In den folgenden Jahren wurde die Sowjetunion immer wieder beschuldigt, Schiffe entführt, gekapert und beschlagnahmt zu haben, wenn eins auf den sieben Weltmeeren vermißt wurde. Es spielte keine Rolle, ob der Dampfer zum letzten Mal im Bermuda-Dreieck gesichtet worden war oder wie der Fischdampfer *Scharnhorst* in der Barentssee. Mit seinem Verschwinden mußte sich 1929 der Vierte Ausschuß des Deutschen Reichstags befassen.

Die *Scharnhorst* hatte am 7. November 1927 Wesermünde mit einer Besatzung von dreizehn Mann verlassen und war sechs Tage später noch einmal gesichtet worden, als sie Honningsvaag passierte. Danach aber blieb sie spurlos verschwunden. Das Seeamt ging zunächst davon aus, daß der Fischdampfer einem Sturm zum Opfer gefallen war. Das änderte sich aber, als ein mysteriöser Brief in Deutschland auftauchte. Danach lebte ein Teil der Besatzung noch in der UdSSR. Das Auswärtige Amt stellte bei den sowjetischen Behörden Nachforschungen über den Verbleib der Leute an, denn man befürchtete, daß die Besatzung in ein Straflager verschleppt worden war. Die Sowjetregierung ließ sich Zeit mit der Antwort, dann wies sie alle Beschuldigungen zurück. Das war jedoch wenig überzeugend, denn auch im Fall der *Senator Schröder* hatten die Kommunisten behauptet, nichts vom Verbleib des Schiffes zu wissen.

Als um 1924 die Schiffahrtsbeziehungen zwischen Rußland und Deutschland enger wurden, gab es wieder Linienreedereien, die ihre Schiffe zwischen beiden Ländern verkehren ließen. Die Seeleute wurden in den sowjetischen Häfen regelrecht verwöhnt. Entzückt über die brüderlichen Reden und den gespendeten Alkohol verließen immer wieder deutsche Matrosen ihre Schiffe und blieben in der UdSSR. So stieg auch ein Bootsmann aus, dem versprochen worden war, daß er Kapitän auf einem russischen Dampfer werden sollte. Als sein Rausch verflogen war und er auf die versprochene Anstellung pochte, bekam er einen Job auf einem Getreideheber im Hafen.

Die deutschen Reeder waren über die Propagandaaktionen der Russen derart beunruhigt, daß einige ihre Schiffe aus dem Linienverkehr zurückzogen. Das Auswärtige Amt sah sich nicht in der Lage, Abhilfe zu schaffen. Daß revolutionäre Gedanken in fremde Flotten einsickerten, war an der Tagesordnung. Es wurden Hafenarbeiter- und Seeleutestreiks organisiert, doch den Kommunisten gelang es nicht (von Ausnahmen abgesehen), in der Schiffahrt Fuß zu fassen.

# Doppelmord auf der *Anne*

Zwar war der Krieg vorüber, aber die Schiffahrt florierte noch nicht wie vorher. Trotzdem hatte sich Hermann Andresen aus Husum ein neues Schiff gekauft und den Besanewer auf den Namen seiner Frau getauft. Die leibhaftige Anne war dreißig Jahre jung, schlank und ausgesprochen hübsch anzusehen. Vor drei Jahren hatte sie den ehemaligen Matrosen einer in der Nordsee stationierten Torpedobootflottille geheiratet, ein Jahr später traf der Nachwuchs ein, ein Mädchen, aber für den Anfang war Hermann damit zufrieden. Was er brauchte, war klar: einen Jungen für sein Schiff, der mit ihm fuhr und es später übernehmen würde, wenn er sich hinterm Deich zur Ruhe setzte. Das aber hatte noch viel Zeit. Hermann Andresen war stolz auf seine kleine Familie und stolz auf seinen Ewer. Aus Munckmarsch schrieb er am 8. Mai 1921 seiner hübschen Frau einen langen Brief, in dem er sich auch über die Segeleigenschaften der *Anne* ausließ: »Mit dem Schiff bin ich sehr zufrieden. Es segelt vorzüglich, und es macht Spaß, damit auf See zu sein.«

Der Schiffer und Eigner hoffte, vor Pfingsten nach Amrum zu segeln und dort eine kleine Partie Eisen für Hamburg zu laden. Andresen mußte wie alle kleinen Reeder sparen, entweder für ein größeres Schiff oder für schlechte Zeiten. Es galt, jede Mark zweimal umzudrehen. Das war auch der Grund, warum Andresen sich entschloß, einen Passagier mitzunehmen, obwohl für ihn keine eigene Kammer vorhanden war. Doch der aus Berlin stammende Ingenieur legte darauf auch keinen Wert. Er wollte, wie er sagte, segeln lernen, und weil er mit einem Schlafplatz im kleinen Kapitänssalon zufrieden war, hatte Andresen schließlich eingewilligt. Das vereinbarte Passagegeld war groß genug, um die gesamten Proviantkosten für die Mannschaft zu decken. Die Crew bestand nur aus dem Schiffer und dem Jungen Hinrich Semmelhaak.

Wie geplant, hatte die *Anne* in Munkmarsch ihre Brikettladung gelöscht und war weiter nach Amrum gesegelt. Aber am Freitag vor Pfingsten traf Heinrich Andresen völlig überraschend für seine Frau zu Hause ein. Groß war die Freude. Als sie abends beim Licht der Petroleumlampe zusammensaßen, kam er noch einmal auf sein Schiff zu sprechen und sagte zufrieden mit sich und der Welt: »Meine Kollegen beneiden mich um das schöne Schiff!«

Anne freute sich mit ihm und drückte seine schwielige Hand. Doch entging ihr nicht, daß er zuweilen nachdenklich gen Himmel blickte, als suche er in den Wolken eine Lösung für ein Problem, das ihm schwer zu schaffen machte. Sie gehörte keineswegs zu den Frauen, die keine fünf Minuten schweigen können. So wartete sie geduldig, bis sich eine günstige Gelegenheit ergab, sich nach seinen Sorgen zu erkundigen. Zunächst lächelte er nur und versuchte abzuwiegeln, aber dann schien er richtig froh zu sein, mit ihr darüber reden zu können. Er hatte dem spilligen Ingenieur dreihundert Mark geborgt. Das war sehr leichtsinnig gewesen, aber der Berliner hatte ihm leid getan, als er von Land kommend erzählte, daß er in den Dünen Sylts sechstausend Mark verloren habe. Was für eine gewaltige Summe!

Hermann Andresen mochte das nicht glauben. Wer trug schon so ein Vermögen mit sich herum, wenn er spazieren ging? Er hätte es doch an Bord lassen können, da wäre es sicher gewesen, auf der *Anne* ging nichts verloren. Das Geld jedenfalls war verschwunden, lag irgendwo in den Dünen, und Andresen begriff, daß sein Passagier nicht ohne Geld die Pfingsttage verbringen konnte. Er lieh ihm den gewünschten Betrag. In Hamburg sollte er die Summe mit Zinsen und die Passagekosten erhalten. Anne Andresen beruhigte ihren Mann. »Du hast sicher recht«, stimmte er ihr zu. »Ein Mann, der sechstausend Mark mit sich herumschleppt, kann kein armer Schlucker sein.«

Es waren schöne Pfingsttage, die sie verlebten. Verwandte kamen zu Besuch, und Hermann mußte von seinen ersten Reisen mit dem neuen Schiff erzählen. Er wurde nicht müde, es zu loben. Kaum aber waren die faulen Tage vorbei, hielt ihn nichts mehr daheim. Er stieg in den ersten Zug nach Dagebüll, um den Morgendampfer nach Wittdün nicht zu verpassen. Er hatte die Absicht, noch am selben Tag in See zu gehen, und hoffte, spätestens am 18. Mai in Hamburg zu sein, wenn der Wind es gut mit ihm und seiner *Anne* meinte. Erleichtert atmete er auf, als er nicht nur seinen Schiffsjungen an Deck, sondern auch den Passagier Kurt Jackel sah. Verdrückt hatte er sich also nicht.

Es wehte eine leichte Brise aus Nordosten, und Hermann konnte den Ewer von der Küste freisegeln. Wie eine Möwe lag das Schiff auf dem Wasser und wiegte sich in den Wellen. Ein paar Krabbenfischer kreuzten ihren Kurs, und ein Fischkutter begleitete die *Anne* ein Stück seewärts. Kurt Jackel nahm das Segeln sehr ernst, und Hermann Andresen überließ dem wißbegierigen Mann den leicht zu handhabenden Ewer. Wie Jackel sagte, wollte er herausfinden, ob ein einzelner Mann ohne Hilfe ein derartiges Segelschiff führen konnte. Zufrieden nickte ihm der Schiffer zu, wenn er ein Manöver gut ausgeführt hatte. Merkwürdige Studien sind das, dachte er, aber was ging es ihn an? Hauptsache, er bekam dafür Geld.

Thomas Berry, Hafenlotse in Hull, folgte mit den Augen einem Besanewer, der Mühe hatte, gegen den Strom und den böigen Westwind Land zu gewinnen. Aber er schaffte es bis zum Alten Hafen und ankerte dort. Der Lotse hatte allen Grund, sich zu wundern, denn solche Ewer waren in Holland und Deutschland zu Hause, kaum in Großbritannien. Mit Deutschland aber gab es noch so gut wie keinen Schiffsverkehr.

Mit einer für solche Fälle bereitliegenden Jolle setzte der Hafenlotse, begleitet von seinem Kollegen Gillis, auf den Ewer über, der keine Nationalflagge gesetzt hatte. Merkwürdig war auch, daß sich kein Mensch an Deck zeigte. Als sie am Heck vorbeikamen, las Berry den in dicken schwarzen Buchstaben aufgetragenen Namen *Anne*, der Heimathafen aber war mit roter Farbe unkenntlich gemacht.

Wenigstens kein Fliegender Holländer, dachte Berry, als er

einen kleinen drahtigen Mann in blauem Sweater erkannte, der höflich seine Schiffermütze abnahm, als das Boot anlegte. Der Lotse erkundigte sich, ob Hilfe nötig sei. In gebrochenem Englisch entgegnete ihm der Mann: »Ich weiß nicht, wo ich bin und was ich tun soll.«

Thomas Berry hatte selbst schon so manche unglaubliche Geschichte erlebt, aber was ihm dieser Mann zumutete, ging nicht auf die Haut einer Seekuh. Wenn er den Skipper richtig verstand, dann hatte er das Schiff unterwegs vom Eigner gekauft. Der wäre dann zusammen mit dem Schiffsjungen bei Helgoland auf einen herbeigerufenen Fischkutter übergestiegen, und er sei allein weitergesegelt. Zunächst habe er nach Amerika gewollt, aber der Kompaß habe versagt, auch der Wind sei weggeblieben. Allein sei das doch wohl zu schwer.

Je länger sich der erfahrene Hafenlotse mit dem Mann unterhielt, der behauptete, aus Deutschland zu kommen, desto wirrer klang dessen Story. Berry begriff aber, daß der Deutsche den Ewer verkaufen wollte, um mit einem Luxusdampfer nach Amerika fahren zu können. Er versprach, sich umzuhören und Kontakt mit einem Makler aufzunehmen, denn fünfzehn Prozent vom Erlös waren fünfzehn gute Argumente.

Gegen Abend tauchte das Zollboot auf und legte sich neben die immer noch im Strom ankernde *Anne*. Zollbeamte sind von Natur aus mißtrauisch, und Charles Watson wollte zunächst nichts hören, nur sehen, und zwar die Papiere des Schiffes und der Besatzung. Noch skeptischer wurde er, als der Deutsche keinen anderen Ausweis vorzeigen konnte als einen alten Militärpaß. Watson faßte den Paß mit zwei Fingern an und blätterte lustlos die Seiten um. Er mochte keine Deutschen, und diesen schon gar nicht. Wenn es allein nach ihm gegangen wäre, hätte er das Schiff nicht abgefertigt, sondern den Mann aufgefordert, England unverzüglich zu verlassen. Statt dessen fragte er nach den Schiffspapieren und dem Kaufvertrag. Aber alles, was er zu sehen bekam, war ein Stück Papier mit einem für ihn unleserlichen Sütterlintext. Was waren das bloß für Buchstaben? Watson schüttelte den Kopf und bat den Deutschen, den Text zu übersetzen. Daraus ging hervor, daß Kurt Jackel am 18. Mai 1921 den Besanewer *Anne* vom früheren Besitzer Hermann Andresen für 120000 Mark gekauft hatte. Das Schriftstück hatten drei Personen unterzeichnet, Hinrich Semmelhaak als Zeuge.

Im Strom konnte der Ewer nicht liegen bleiben. So bekam Jackel einen Kaiplatz zugewiesen, und keine Stunde später war die Zolleinsatztruppe an Bord. Zwei Stunden lang durchsuchten sie das Schiff nach Schmuggelgut, wie sie behaupteten, doch sie fanden nichts Verdächtiges, keine Blutspuren, keine Hinweise auf eine Gewalttat. Und doch stimmte etwas nicht mit dem Schiff, dessen Heimathafen mit Mennige überpinselt war. Watson beauftragte den Lotsen, sich mit der Maklerfirma in Verbindung zu setzen. Der hätte sicher gute Kontakte zu einem Hamburger Kollegen. Schließlich war das eine deutsche Angelegenheit und keine britische.

Hugo Findley Preutz, Direktor der Maklerfirma Bartley & Co., wollte sich zunächst einmal selbst an Bord der *Anne* umsehen. Aber auf dem Weg zum Schiff stieß er auf die beiden Hafenlotsen Berry und Gillis, die ihm freudestrahlend erklärten, sie hätten die *Anne* gerade erworben. Eine so günstige Gelegenheit käme nie wieder, sagten sie und grinsten diebisch.

Der Makler fühlte sich an der Nase herumgeführt und um seine Provision betrogen. An Bord der *Anne* stellte er den Deutschen zur Rede, ließ sich den alten Kaufvertrag vorlegen und behauptete, daß er nicht rechtsgültig sei. In seinem Kontor angekommen, diktierte er einen Brief an die Deutsche Botschaft in London. Dieser Jackel war ihm doch sehr merkwürdig erschienen, er hatte so gar nichts Seemännisches an sich.

Am Bedford Square, im Gebäude der deutschen Vertretung, erhielt der Attaché Wiehl von der Konsularabteilung den Eilbrief aus Hull. Ein Blick ins deutsche Schiffahrtsregister belehrte ihn, daß die Ketsch *Anne* 1898 von E. Jacobs in Moorrege gebaut worden war. Das war nicht eben viel, darum schickte er ans Seeamt Hamburg ein Telegramm, um sich über die augenblicklichen Eigentumsverhältnisse zu informieren. Wer war dieser Kurt Jackel eigentlich?

Die telegraphische Antwort aus Hamburg ließ nicht lange auf sich warten. Sie war präzise und bestätigte den Verdacht des Maklers in Hull: »Kurt Jackel aus Berlin, Kurfürstendamm, nicht verkaufsberechtigt. Besatzung verschwunden. Vermutlich liegt Verbrechen vor.«

Für die Hamburger Schiffahrtsbehörde war es leicht gewesen, sich sachkundig zu machen. Die an der Großen Elbstraße arbeitende Schiffsmaklerfirma Carsten Rehder wußte zwar nur, daß die *Anne* seit dem 18. Mai überfällig war, was nichts anderes hieß, als daß sie wahrscheinlich mit Mann und Maus untergegangen war. Aber wenn nun die *Anne* wirklich in Hull aufgetaucht war, ohne Hermann Andresen und den aus Uetersen stammenden Hinrich Semmelhaak an Bord, dann mußte etwas Unheimliches geschehen sein. Ein Mitarbeiter der Maklerfirma erinnerte sich, daß Hermann Andresen einen Passagier an Bord gehabt hatte, einen Berliner. Sie hatten ihn selbst zu Andresen geschickt, einen schmächtigen blonden Mann mit Schnurrbart, der auf einem kleinen Schiff segeln lernen wollte. Er war ihnen etwas verrückt vorgekommen, aber es gab an der Küste soviel Geldnot, daß sie ihn an einige Küstenschiffer verwiesen hatten, so auch an Hermann Andresen, dessen Ewer zur Ausfahrt vorbereitet wurde. Hundert Mark wollte er pro Tag zahlen, da gab es für Hermann nicht mehr viel zu überlegen.

Das Schiff *Anne* wurde nun zum Kriminalfall, und der landete auf dem Schreibtisch des Landrichters Dr. Bachmeister. Bevor er sich mit der noch dünnen Akte befaßte, las er voller Abscheu im *Hamburger Fremdenblatt*, daß ein englisches Handelsschiff im Segelschiffshafen sein Heckgeschütz auf die Stadt gerichtet hatte. Empört reagierte der Schreiber des Artikels: »Was würde wohl einem deutschen Schiff passieren, das mit einem schußfertigen Geschütz am Heck in einen englischen Hafen einlaufen würde? Mit einer Unverfrorenheit sondergleichen provozieren die englischen Schiffsführer die deutsche Bevölkerung, indem sie die drohenden Mäuler ihrer Heckgeschütze auf die Stadt gerichtet halten. Allem die Krone aufgesetzt hat aber der Führer des Dampfers *Egyptian Transport*, indem er das auf dem Achterdeck aufgestellte 10,5-Zentimetergeschütz beim Passieren der St.-Pauli-Landungsbrücken demonstrativ auf die Stadt richten ließ. Das hat in der gesamten Stadt die hellste Empörung ausgelöst.«

Der Dampfer war in West Hartlepool beheimatet, und Hull lag davon nicht weit entfernt. Das schoß dem Landrichter durch den Kopf, als er die Akte *Anne* zur Hand nahm und sich hinein vertiefte. Er erwartete Anne Andresen, die ihren Besuch in Hamburg angekündigt hatte. Von ihr erfuhr er, wie sehr ihr Mann das Schiff geliebt hatte. »Nie hätte er den Ewer freiwillig aufgegeben, nie!«

Sie sagte das so überzeugt, daß kein Zweifel daran blieb: Auf der *Anne* war ein Verbrechen geschehen! Um den Fall aufklären zu können, mußte der Richter ein Auslieferungsersuchen stellen und einen Haftbefehl nach Hull schicken.

Für Inspektor Cleveland war ein Haftbefehl noch kein Auslieferungsbescheid. Außerdem hatten ihm die Deutschen überhaupt nichts zu befehlen. Immerhin machte sich der Kriminalinspektor auf den Weg zum Schiff, um den Deutschen noch einmal zu vernehmen und nach Spuren zu suchen. Auf die Zollbeamten wollte sich der erfahrene Kriminalist nicht verlassen.

Getrocknete »Blutspuren« erwiesen sich zwar als Rostflekken, aber Cleveland fand einige Gegenstände, die verdächtig genug waren, so die beiden Pässe der Verschwundenen, die Uhr und den Ring des Kapitäns und dessen Reisetasche. Nicht genug damit: In einem Hohlraum entdeckte er eine Browning-Pistole und vier Schuß Munition. Das reichte aus, um den verdächtigen Kurt Jackel zu verhaften und am 1. Juli 1921 nach London zu bringen, wo er zunächst eingesperrt wurde.

Inspektor Draper von Scotland Yard übernahm die weiteren Ermittlungen. Je mehr der Inspektor zusammentrug, desto schlechter sah es um Kurt Jackel aus, der nach wie vor seine

Unschuld beteuerte. Er blieb dabei, daß der Kapitän und der Junge nach dem Verkauf der *Anne* mitten auf See, bei Helgoland, auf einen Fischkutter umgestiegen seien. Den Namen des Kutters konnte er nicht angeben, er hatte auch nicht auf seine Nummer geachtet.

Im August lag das Gutachten der Schriftsachverständigen vor: Die Unterschriften auf dem Kaufvertrag stammten allesamt von einer Hand, von Kurt Jackel. Das gab den Ausschlag für Sir Charles Biron, den Ersten Ratsherrn am Polizeigericht in London, dem Auslieferungsverlangen aus Hamburg zuzustimmen. Mit einer wesentlichen Auflage: Nach englischem Recht durfte Jackel nicht wegen Mordes angeklagt oder verurteilt werden, solange keine Leichen einwandfrei den gewaltsamen Tod der Verschwundenen bewiesen. Und Leichen gab es nicht im Fall der *Anne*.

Inspektor Julius Rehmann holte den Untersuchungsgefangenen aus London ab und fuhr mit ihm auf dem Kirsten-Dampfer *Desdemona* zurück. Am 8. Oktober 1921 verließen die beiden ungleichen Männer den Dampfer in Hamburg. Der Inspektor hatte unterwegs viel über seinen Begleiter erfahren. Danach war Kurt Jackel 1880 in Neusalz an der Oder geboren. Er hatte in Breslau das Abitur gemacht und danach an der Technischen Hochschule in Berlin Architektur studiert, außerdem Schiff- und Maschinenbau. 1907 gründete er bei Berlin eine kleine Bootswerft, die aber pleite ging. Nach dem Krieg sollte er für eine Cuxhavener Maschinenfabrik einen Dieselmotor für Fischereifahrzeuge entwickeln, doch er schaffte es nicht. Nach einer Unterschlagung mußte er aus Cuxhaven flüchten und gelangte so nach Hamburg. Er wollte Deutschland verlassen, aber das war viel schwerer als gedacht.

Kurt Jackel hatte sich eine Welt aus Lügen geschaffen und wußte auf alle verdächtigen Fragen eine halbwegs plausible Antwort. Er gestand weder den Doppelmord noch den Raub und blieb dabei, daß die Unterschriften auf dem »Kaufvertrag« echt seien, trotz weiterer gegenteiliger Gutachten. So wurde Kurt Jackel nur wegen schweren Raubes auf See angeklagt.

Drei Jahre nach der Tat verurteilte ihn das Landgericht Hamburg zu fünfzehn Jahren Zuchthaus wegen Seeraubes. Jackel verbüßte seine Strafe voll.

Jeder ahnte, daß er Hermann Andresen und Hinrich Semmelhaack umgebracht hatte, nur er selbst schwieg. Und so weiß nur die See, was sich damals bei Helgoland wirklich abgespielt hat.

# Die Kapitänstochter

Nach früher verbreitetem Seemannsglauben war es gefährlich, bestimmte Personen an Bord zu haben, besonders Geistliche, Freidenker, Missionare, Rechtsanwälte und Frauen. Ihre Anwesenheit brachte dem Schiff angeblich Unglück, deshalb hielt man es für das Beste, sie einfach über Bord zu werfen.

Nach und nach geschah es allerdings immer häufiger, daß Kapitäne ihre Frauen mitnahmen, und die Mannschaft betrachtete dann das Glück ihres Kapitäns oft mit Neid. Falls es die Reederei zuließ, fuhren sogar Kinder aus der Kapitänsfamilie mit.

Die 1894 in Maryport gebaute Bark *Hirschenfelde* wurde von Kapitän Petersen geführt. Die Reederei Schröder, Hölken & Fischer in Hamburg hatte ihm erlaubt, seine Frau und seine dreizehn Jahre alte Tochter Lotti mit auf die Reise nach Australien zu nehmen, nicht aber die siebzehnjährige Erna Mathilde, denn Erna war kein Kind mehr, sondern eine heranwachsende, bildhübsche junge Frau. Vielleicht kannten die Reeder die Geschichte vom Chinafahrer *Juliane Marie*. Auf der Heimreise von China 1761 war es dort zu einer Schlägerei zwischen zwei betrunkenen Matrosen um dasselbe Mädchen gekommen, und einer der norwegischen Matrosen stach seinen Rivalen tot. Er wurde Rücken an Rücken mit dem Toten zusammengebunden und über Bord geworfen.

Doch der Kapitän hielt sich nicht an die Abmachung mit der Reederei, und als die *Hirschenfelde* im Sommer 1922 den Hamburger Hafen verließ, saß in der Kajüte auch Tochter Erna. Sie kam erst an die frische Luft, als Blankenese achteraus lag. Der Wind meinte es gut mit der Bark. Sie segelte flott durch den Englischen Kanal, und die Stimmung an Bord war ausgesprochen gut. Die Frau des Kapitäns kümmerte sich in der Kombüse nur soviel um das Essen, wie unbedingt notwendig war, und hielt sich auch sonst zurück, während die dreizehnjährige Lotti an Deck herumtollte und fast alle Matrosen mit ihr scherzten. Das hätten sie natürlich lieber mit der hübschen Erna gemacht, doch diese blieb auffallend unzugänglich und galt bald als hochnäsig. Was aber die Matrosen nicht hinderte, von ihr zu träumen.

Immer öfter war Erna jedoch an der Seite des Zweiten Offiziers Hans Deimer zu finden. Wenn er Wache hatte, dauerte es nicht lange, dann tauchte sie auf, setzte sich irgendwo an Deck, wo sie ihn sehen und gelegentlich sprechen konnte. Als der Zimmermann die beiden händchenhaltend am Heck überraschte, wo sie traumverloren in den sternenübersäten Himmel schauten, wußte bald jeder an Bord, was sich im Achterschiff anbahnte. Nur der Kapitän merkte nichts. Er trank mehr Alkohol, als ihm guttat, und seine Frau konnte ihn offenbar nicht bremsen. Wenn er angetrunken an Deck erschien, war ihm nichts recht, er nörgelte herum, verfluchte die Matrosen und belegte sie mit obszönen Schimpfworten. Mehr als einmal kam es vor, daß ihm die Hand ausrutschte, wenn einer der Schiffsjungen nicht so spurte, wie er sollte.

Es blieb nicht beim Händchenhalten zwischen Erna und dem Zweiten Offizier. In einer der Passatnächte huschte sie unbemerkt in seine Kammer. Pech, daß gerade in dieser Nacht die Mutter nach den Töchtern sehen wollte, die im Schiffshospital untergebracht waren. Aber Glück für beide, daß die Mutter Verständnis für die junge Liebe hatte. Sie beschwor die beiden nur, vorsichtig zu sein. Zu gut kannte sie ihren Mann, der dies nicht billigen würde. Die beiden versprachen es, hielten sich aber nicht immer an den Vorsatz.

Am Vormittag des 26. November überraschte der Kapitän das Paar in der Pantry beim Küssen. Was nutzte es, daß der junge Offizier schwor, mit Erna verlobt zu sein. Der Alte hatte getrunken, sein Gesicht war stark gerötet, und er brüllte die beiden an, vergriff sich im Ton und beschimpfte den jungen Mann aufs ärgste. Hans Deimer gab es auf, den jähzornigen Kapitän zu beruhigen, auch die Ehefrau, die herbeigeeilt war, konnte nicht schlichtend eingreifen.

Als der Zweite Offizier an Deck ging, folgte ihm der Alte,

immer noch auf ihn einschimpfend. Schließlich hob er die Faust, um ihn zu schlagen. Hinter ihm standen die beiden Frauen und weinten, die Hände vors Gesicht geschlagen. Nur die Kleine wußte nicht, um was es ging, und hielt sich an der Schürze der Mutter fest.

Das war das letzte Bild, das Hans Deimer aufnahm. Er sagte kein Wort mehr, stieg auf die Schanz und sprang in die See. Und bevor die Mutter eingreifen konnte, hatte sich die ältere Tochter von ihr gelöst und sprang ihrem Geliebten nach. Hans Deimer hatte diesen Sprung nicht sehen können, aber er erblickte Erna, als er auftauchte und eine Welle ihn hochhob.

An Deck waren die Matrosen und der Erste Offizier aus ihrer Lethargie erwacht und handelten. Sie schnitten zunächst eine Boje los, die ungefähr dreißig Meter von den im Wasser Treibenden aufschlug. Der Schiffsoffizier hatte das Mädchen erreicht und versuchte, sie auf dem Rücken schwimmend zur Boje zu bringen. Er wußte, daß sie nicht schwimmen konnte. Viel sagte sie nicht in diesen Augenblicken, die ihm unendlich lang vorkamen.

Auf der *Hirschenfelde* hatte der Kapitän sofort unter Backbordruder in den Wind drehen und den Großtopp backbrassen lassen, während sich der Erste bemühte, das Steuerbordrettungsboot zu Wasser zu bringen. Aber was schnell und leicht gehen sollte, dauerte viel zu lange, denn keiner der Anwesenden hatte ein Messer bei sich, um einige verknotete Bändsel zu kappen. Daneben jammerte die Mutter und bat den Ersten Offizier, sich zu beeilen. Endlich kam das Boot zu Wasser und wurde bemannt. Unter Führung des Ersten ruderten sie an. Sie konnten die im Wasser treibenden Schiffbrüchigen zwar nicht sehen, wohl aber die Boje.

Hans Deimer war nicht mehr weit von der Boje entfernt. Nur ein paar Meter trennten ihn noch, als eine größere Welle ihm das Mädchen aus den Händen riß. Er tauchte unter, schnappte nach Luft, kam endlich wieder hoch, doch seine Geliebte war nicht mehr zu sehen. Er schrie, schluckte Wasser, schrie erneut, doch sie antwortete nicht. Seine Kräfte erlahmten, er wollte nicht mehr leben, gab auf. Doch in diesem Moment war das Rettungsboot bei ihm, kräftige Seemannshände packten zu und hievten ihn ins Boot. Sie drehten noch ein paar Runden und suchten nach Erna, aber die blieb verschwunden. Die See gab sie nicht mehr preis.

Nun galt es, zurück aufs Schiff zu kommen, doch die *Hirschenfelde* stand schon weit entfernt. Nur noch ihre Masten waren vom Boot aus zu erkennen, das wie ein Sieb leckte und unentwegt ausgeschöpft werden mußte. Weil soviel Wasser im Boot war, ließ es sich auch schwer rudern. Erst kurz vor Einbruch der Dunkelheit erreichte das Rettungsboot endlich die *Hirschenfelde*, die mehrmals gehalst hatte, sonst wäre das Boot in der Weite der See verlorengegangen.

Kapitän Petersen hatte sich inzwischen keineswegs beruhigt. Als er den Zweiten Offizier sah, nicht aber seine Tochter, rastete er erneut aus. Er stürzte sich wutschnaubend mit erhobenen Fäusten auf den jungen Mann und drohte, ihn umzubringen. Schweigend ging der Zweite in seine Kajüte, aber der Alte folgte ihm. Als sich die wüste Szene von Deck in der Kajüte wiederholte, griff der Erste Offizier ein und drohte, den Kapitän seiner Stellung zu entheben und selbst das Kommando zu übernehmen. Zunächst bedrohte der betrunkene Kapitän nun auch den Ersten, als er aber bemerkte, daß sich die Mannschaft auf die Seite der beiden Offiziere schlug, zog er sich in seine Kajüte zurück.

Erst jetzt erfuhr der Erste, was sich in seiner Abwesenheit an Bord der Bark zugetragen hatte. Das Großsegel war nicht aufgegeit, das Schiff machte immer noch Fahrt voraus, der Kapitän aber schwieg. Er erteilte keine Befehle, sondern verschwand unter Deck in seiner Kajüte. Seine Frau aber blieb an Deck zurück und schaute achteraus, doch das Boot konnte sie nicht mehr sehen. Sie bat die Matrosen, etwas zu unternehmen, flehte den Bootsmann an zu wenden, das Schiff »umzudrehen«, wie sie sagte. Doch beide Decksoffiziere wagten nicht, Kommandos zu erteilen, das stand nur dem Kapitän zu. Als die Mutter nichts auszurichten vermochte, verschwand sie unter Deck und kam mit dem Bescheid des Kapitäns zurück, die Leute könnten mit dem Schiff machen, was sie wollten.

Das sagte sie beherzt, und der Segelmacher Bruhn glaubte ihr. Unter seiner Leitung halste die *Hirschenfelde* und näherte sich auf entgegengesetztem Kurs wieder dem Rettungsboot. In Wahrheit hatte die Frau des Kapitäns ihren Mann zwar in der Kajüte liegend vorgefunden, aber er war nicht fähig gewesen zu sprechen. Erst nach einer guten Stunde tauchte der Alte wieder an Deck auf. Es war höchste Zeit, denn die Bark war nicht zu wenden, sie mußte mehrere Male halsen, um das Rettungsboot an Bord nehmen zu können. Die Männer im Boot waren vollkommen erschöpft.

Keine halbe Stunde später segelte die *Hirschenfelde* in tiefer Dunkelheit nach Süden. Der Passat zog die Bark vorwärts, und die See radierte das Kielwasser des Schiffes aus, als wäre nichts geschehen.

Hans Deimer, der Zweite Offizier der *Hirschenfelde*, verließ in Australien die Bark und kehrte mit einem anderen deutschen Segler nach Deutschland zurück. Er hat nie geheiratet und starb hochbetagt in einem Hamburger Seemannsheim. Ein kurzer Brief ist erhalten geblieben, den er Jahre später an die Schwester seiner Geliebten schrieb, an die seinerzeit dreizehnjährige Lotti. Es ist kein zorniger Brief, auch keine Rechtfertigung. Trocken schildert Deimer, was damals im November 1922 auf der Bark *Hirschenfelde* geschah. Sein letzter Satz erklärt vieles: »Ich habe sie sehr lieb gehabt und nie vergessen. Es fehlten bis zur Boje nur wenige Meter, ein, zwei Schwimmzüge. Warum habe ich sie nicht fester gehalten? Warum?«

# Um die Liebe der Matrosen

Schon beim Stapellauf des Stinnes-Dampfers *Tirpitz* am 28. Februar 1921 war es unter der Belegschaft der Flensburger Schiffsbau-Gesellschaft zu erheblichen Unruhen gekommen. Die Proteste richteten sich nicht nur gegen Hugo Stinnes als Person, sondern auch gegen die Namensgebung seiner Schiffe. Ähnliche Mißfallenskundgebungen hatte es ein paar Tage zuvor bei der Taufe der *Hindenburg* auf der Bremer Vulkan-Werft gegeben, aber das konnte den Deutschnationalen Hugo Stinnes nicht erschüttern. Er wetterte weiter gegen die Siegermächte.

Sieben Jahre später geriet die *Tirpitz* erneut in die Schlagzeilen. Das *Hamburger Echo* schrieb über einen Prozeß gegen fünf ihrer Seeleute: »Die Verhandlung bot ein trauriges Bild. Keiner der Angeklagten gehörte einer Organisation an, die ihm in dieser Not hätte helfen können. Aller Wahrscheinlichkeit nach wäre es einem Rechtsbeistand gelungen, die in der noch immer existierenden mittelalterlichen Seemannsordnung nur für Seeleute vorgeschriebenen harten Strafen auf ein menschliches Maß zu mindern.«

Kapitäne und Reeder sahen das natürlich ganz anders. Die Anklage vor dem Hamburger Gericht lautete auf gemeinschaftliches ungebührliches Benehmen, Gehorsamsverweigerung und Beleidigung. Staatsanwalt Gieser beantragte Strafen von vier bis acht Monaten Gefängnis; ganz so streng war das Gericht nicht, aber auch die Urteile von zwei bis sechs Monaten Gefängnis waren erheblich. Was war so Schlimmes am 21. Oktober 1928 im fernen China geschehen, daß bis dahin unbescholtene Seeleute ins Gefängnis mußten?

Es fing alles ganz harmlos an. Die *Tirpitz* lag endlich im Hafen fest, nach einer langen Reise, auf der die Seeleute vieles entbehrt hatten. Und genau das wollten sie jetzt im Hafen nachholen. Aber sie waren immer noch leicht zu führen. Trotz intensiver Beeinflussung durch gezielte kommunistische Propaganda waren sie in keiner Partei und schon gar nicht bei der radikalen Linken, denn sonst hätte Stinnes sie umgehend von Bord gejagt.

Als ihr Dampfer festlag, machten sich fünf von ihnen gemeinsam auf, um »die Stadt auseinanderzunehmen«. Vorschuß hatte es gegeben, und sie wollten weiter nichts, als in einer Hafenkneipe einen zur Brust heben, vielleicht auch zwei, sich schnellstens eine der gunstbereiten Chinesinnen sichern und in weiblicher Gesellschaft den Rest der Nacht verbringen. Das war vom Leben nicht eben viel verlangt.

Aber die Enthaltsamkeit an Bord der *Tirpitz* – Stinnesdampfer waren trocken bis auf den Alkohol im Arzneischrank und im Kompaß – brachte es mit sich, daß die fünf ausgelaugten Seeleute nicht viel vertragen konnten. Anschluß zu finden war nicht schwer, die Auswahl an Mädchen riesengroß, doch was sie nicht mehr hatten, war Geld für ein Fremdenbett in einer Absteige. Aber da war ja noch ihr Schiff, die *Tirpitz*. Auch wenn die Kojen eng bemessen waren, so eng waren sie doch nicht, um Liebe unmöglich zu machen.

Sie hakten sich unter und strebten singend dem Liegeplatz der *Tirpitz* zu. Und da lag ihr Dampfer im Schein der Hafenlaternen. Einer bestieg die Gangway, um den jungen Damen behilflich zu sein, aber da baute sich der wachhabende Offizier vor ihnen auf und verwehrte den Freudenmädchen den Zutritt. Zunächst wurden Worte gewechselt, bis sie nicht mehr ausreichten, dann stimmten die fünf Seeleute die Internationale an. Das brachte umgehend den Kapitän an Deck. Er hatte als Offizier auf SMS *Blücher* gedient, und Admiral Tirpitz hätte ihm einmal beinahe die Hand gedrückt. Das allein aber war es nicht, was ihn gegen die singenden Seeleute aufbrachte. Vielleicht wäre alles anders verlaufen, hätten ihm damals nicht meuternde Matrosen in Kiel die Achselstücke vom Uniformmantel gerissen. Das konnte der Kapitän der *Tirpitz* nicht vergessen.

Die chinesischen Dämchen waren kichernd verschwunden, was die Stimmung der Seeleute nachhaltig negativ beeinflußte.

Jan, Hein, Walter mit der Glatze, Otto der Kavalier und Herbert wollten doch nur das genießen, wofür sie schon bezahlt hatten. Aber nun stand da der Alte und hatte kein Verständnis für ihre Probleme. Er selbst mochte ja schon jenseits von Gut und Böse sein, sie aber nicht. In ihren Adern pulsierte junges Blut!

Es gab Rabatz an Deck. Der Alte kam nicht ungeschoren davon, er erlitt einige Kratz- und Bißwunden und eine Verletzung am Auge. Anderseits wußten er und sein Zweiter Offizier, der in dieser Nacht für die Sicherheit des Schiffes die Verantwortung trug, auch auszuteilen. Die Blessuren hielten sich etwa die Waage. Nur so schimpfen und fluchen wie die Matrosen, das konnte der Alte nicht mehr, das hatte er im Lauf seiner Karriere verlernt. Sie brüllten einzeln, zu zweit und im Chor, überschütteten die Offiziere mit einem so wüsten Redeschwall, daß sich bald eine Menge Volk am Kai sammelte. Wer schon an Bord des Dampfers war, hatte sich wieder aufgerappelt und an Deck begeben, um den Auftritt nicht zu versäumen. Noch einmal versuchte der Alte, den Fünfen klarzumachen, was sie durften und was nicht. Die um ihren Spaß gebrachten Seeleute aber behaupteten: »Wi könnt moken, wat wi wullt!«

Das allerdings sah die deutsche Seemannsordnung nicht vor, und deshalb blieb dem Kapitän keine andere Wahl, als die Rädelsführer einzusperren. So fuhren sie als »Passagiere« zurück nach Hamburg. Vor Gericht gestellt, bestritten sie, sich in irgendeiner Weise schuldig gemacht zu haben; weder hätten sie jemanden beleidigt, noch hätten sie unflätige Redensarten gebraucht. Wenn sie wirklich gesagt hätten, woran sie sich aber beim besten Willen nicht erinnern konnten: »Dir müßte man die Kehle durchbeißen«, dann sei das doch nur ein Wunsch gewesen, nie aber eine Drohung gegenüber dem Kapitän!

Jan, der Älteste unter den Angeklagten, schwang sich zum Wortführer auf und behauptete: »Wir haben doch nur die Internationale gesungen, und jeder kann singen, was und wie er will. Wenn man uns erlaubt hätte, die Mädchen an Bord zu bringen, wäre überhaupt nichts passiert.« Aber der Staatsanwalt unterbrach ihn. Nach seiner Auffassung hatten sich die Meuterer geradezu unglaublich gegen ihren Vorgesetzten benommen, obwohl der Kapitän nichts Unmenschliches von ihnen verlangt habe. Dazu komme noch Gehorsamsverweigerung. »Das Gebrüll im Hafen hat der deutschen Schiffahrt und der deutschen Flagge nicht zur Ehre gereicht, dementsprechend hart müssen die Strafen ausfallen.«

Jan, Hein, Walter, Otto und Herbert waren gegensätzlicher Meinung und behaupteten, daß der Kapitän sehr wohl Unmenschliches von ihnen verlangt hätte: auf die Liebe der jungen Chinesinnen zu verzichten, obwohl sie schon dafür bezahlt hatten. Käme Reederei Stinnes für den Schaden auf? Natürlich nicht. Wieder war es Jan, der zu vermitteln versuchte: »Das mit der Gehorsamsverweigerung trifft ja nicht zu. Erst die erzwungene Enthaltsamkeit hat uns krank und arbeitsunfähig gemacht!«

Das Gericht glaubte dem Kapitän, daß er von seiner Reederei an die Luft gesetzt worden wäre, wenn er zugelassen hätte, daß Frauen an Bord gebracht wurden. Derartige Vergünstigungen seien vielleicht auf französischen und italienischen Schiffen üblich, nicht aber auf englischen und deutschen.

Und so wanderten Jan, Hein, Walter, Otto und Herbert hinter Gitter.

## Dampfer *Willi* schießt zurück

Nach dem Ersten Weltkrieg lag die Wirtschaft in Deutschland zwar darnieder, dafür blühte um so stärker der Spritschmuggel in der Ostsee, an dem deutsche Schiffe maßgebend beteiligt waren. Im März 1929 wurde das mit 33000 Flaschen feinstem Rum, altem Whisky und bestem Cognac beladene kanadische Schmuggelschiff *Um Alone* durch Granaten eines amerikanischen Küstenwachbootes versenkt. Das kam den Staat teuer zu stehen, denn dem Gericht konnte nicht nachgewiesen werden, daß Kapitän und Mannschaft mit der Schmuggelei zu tun gehabt hatten. Der bloße Verdacht reichte für eine Versenkung nicht aus.

Die Königsberger Nachkriegsreederei Willi Hilbig & Co. verzichtete in einem ähnlichen Fall auf eine Entschädigung. Mehr noch, sie reichte nicht einmal eine Klage gegen die Beschießung ihres Dampfers *Willi* durch das litauische Hilfskriegsschiff *Schliekmann* ein, obwohl er erhebliche Beschädigungen erlitten hatte. Das hatte seine guten Gründe, denn der Dampfer *Willi* hatte sich energisch gewehrt. Sein Kommandant war der aus Bremen stammende Hans Peper, früher bei der Kaiserlichen Marine.

Bekanntlich zerstören Kriege gewachsene Strukturen, und nicht anders war es 1918. Danach lag die gesamte Ostseeschifffahrt in Lethargie. Die vielen inzwischen veralteten kleinen Dampfer fanden keine Beschäftigung. Um so erstaunlicher mußte es wirken, als der 25 Meter kurze Dampfer *Willi* nachts in den Danziger Hafen einlief und am entlegensten Ende der Pier mit seinen morschen Leinen festmachte. Eigner des 1897 gebauten Dampfschiffs war die erst jüngst ins Leben gerufene Firma W. Hilbig & Co. in Königsberg. Die Reederei beschäftigte den Trampdampfer in der nahen Küstenfahrt – behauptete sie jedenfalls.

Kaum lag die *Willi* an der Pier, als zahlreiche Hafenarbeiter erschienen und sich an Deck und Land betätigten. Scheinwerfer warfen ein gespenstisches Licht auf die vom Neuschnee nur flüchtig geräumte Ladezone. Kartons wurden auf Roll- und Bollerwagen herbeigeschafft und zügig im Laderaum des Dampfers verstaut. Es mußte schon wertvolles Stückgut sein, das hier verschifft wurde, denn Steuermann Erich Bücking, ein 41jähriger ehemaliger Oberbootsmaat, paßte persönlich auf, damit kein Karton auf dem Weg vom Schuppen zum Schiff verschwand. Im winzigen ungeheizten Ruderhaus beobachtete der Alte die Beladung seines Dampfers von höherer Warte aus, denn Vertrauen war gut, Kontrolle besser. Er wußte schließlich, was sich in den Kartons befand. Gelegentlich steckte er den Kopf um die Ecke und trieb die Leute zur Eile an. Seine Stimme klang verschnupft, er hatte sich erkältet und fühlte sich nicht wohl.

Kaum waren die Lampen ausgeschaltet, fand sich der Vormann in der Kajüte des Alten zum Abschiedstrunk ein. Peper schenkte drei nicht zu kleine Gläser voll, denn er hörte auch den Steuermann den steilen Niedergang herunterkommen. Ohne anzuklopfen trat der ein, nickte ihnen zu und rieb seine Hände am Ofen warm.

Die drei Männer hoben die Gläser.

»Teufelszeug«, japste der Vormann. Die beiden Seeleute lachten, sie kannten den hochprozentigen Wodka. »Das ist unsere Hausmarke«, klärte der Steuermann den Vormann auf und wandte sich dem Kapitän zu. »Wir haben 15480 Liter Sprit übernommen. Keinen Liter weniger, beste Handelsware, alles sicher verstaut.«

»Fein, Styrmann. Wir bleiben noch den nächsten Tag hier liegen. Wenn einer von den Behörden dumme Fragen stellt, dann beheben wir einen Kesselschaden. Nach Einbruch der Dunkelheit machen wir uns auf den Weg. Das Wetter ist mit uns.«

»Gott auch.«

»Genau. Gute Ruhe, Styrmann.«

Unbesorgt konnte Kapitän Peper am Morgen ausklarieren, denn die Konnossemente waren auf einen Herrn Ahlström in

Stockholm ausgestellt. Nur der ins Vertrauen gezogene Makler grinste anzüglich, als er sich vom Alten verabschiedete. Doch Geschäft ist Geschäft, und für die Moral waren schließlich nicht die Schiffsmakler zuständig.

»In ein paar Tagen sind Sie wieder hier.« Der Makler rechnete. »Stockholm und retour in acht Tagen. Sie müssen schließlich den Schein wahren. Bis dahin habe ich eine neue Ladung für den Dampfer. Viel Glück, Kapitän!« Sie gaben sich die Hände.

Draußen schneite es, die Sicht war schlecht. An Deck räumten Matrosen mit Besen und Schaufeln den Schnee fort.

»Das sieht doch alles prachtvoll aus«, meinte Peper. »Wenn wir auf Position sind, muß es aber aufklaren, sonst finden unsere Geschäftspartner uns nicht. Geben Sie auf jeden Fall das verabredete Telegramm auf: ›Oma kommt zu Besuch!‹«

Der Schiffsmakler, in seinen dicken Ulster gehüllt, nickte und verschwand leicht hinkend hinter einem dichten Schneeschleier.

Pünktlich am 4. Februar 1926 wurden *Willis* Leinen losgeworfen. Ohne Lotsen und ohne Positionslampen schlich der Dampfer fast lautlos aus dem Hafenbecken, denn Peper kannte sich hier aus. Erst nach Passieren der Molenköpfe wurden die Lampen gesetzt. Peper wußte natürlich, daß überall Spione die Bewegungen verdächtiger Schiffe beobachteten und sich nicht scheuten, ihr Wissen zu verkaufen.

»Kurs Nordost!«

Der am Ruder frierende Bestmann Brehmer brachte den verrosteten Eimer auf den neuen Kurs, während der Alte übers Sprachrohr dem Maschinisten befahl, vollen Dampf auf alle Maschinen zu geben. Er war das so gewohnt von der Marine her, keiner nahm's ihm übel. »Laßt die Pferdchen laufen!« Er räusperte sich. Die Erkältung wollte und wollte nicht abklingen, da half kein Rum, kein heißer Grog, kein Bienenhonig im Tee. Mit einer Geschwindigkeit von nicht ganz sechs Knoten marschierte der Dampfer nordwärts, dem Rendezvous entgegen.

»Wäre es nicht besser, den Ausguck auf der Back zu besetzen?« Der Steuermann stierte hinaus in die Nacht. Sehen konnte er nicht viel, denn immer noch rieselte der Schnee und verklebte die Fensterscheiben im Ruderhaus.

»Ist doch eh' keiner unterwegs.« Der Alte befürchtete nicht, mit einem anderen Schiff zu kollidieren, er hatte ganz andere Sorgen. »Hauptsache, der Kessel bleibt heil, sonst gute Nacht, Marie!« Er seufzte. »Ich pack' mich für ein paar Stunden aufs Ohr, Styrmann. Aber wenn Sie meinen, dann stellen Sie einen Mann nach vorne. Mich wecken Sie, wenn es sein muß. Gute Wache!«

»Gute Ruh'!«

Der Ausguck auf dem Vorschiff erübrigte sich, denn kaum war der Alte unter Deck verschwunden, verschwand auch der Schneefall. Es blieb bei bedecktem Himmel und leichtem Seegang. Abends tauchte in Ostsüdost ein starkes Feuer auf, der Kennung nach der Memeler Leuchtturm. Eine knappe Stunde später war es wieder hinter dem Horizont verschwunden. Um 22.00 Uhr hatte *Willi* die angestrebte Position erreicht und ankerte auf 36 Meter Wassertiefe. Weil er sich am Rand der Dreimeilenzone aufhielt, ließ der Kapitän ungeniert die Ankerlaterne setzen. Schließlich mußten die Partner das Schiff auch finden können.

Sie konnten nun nichts weiter tun als warten. Kapitän und Steuermann standen im Ruderhaus und suchten mit Ferngläsern die See ab. Aber kein Boot, kein Kutter tauchte auf. Sie blieben gelassen, denn gewöhnlich erschien ihr Partner erst, wenn der Morgen zu grauen begann. Warum sollte es diesmal anders sein?

»Wir wollen uns aufs Ohr legen. Morgen abend sind wir gemachte Leute«, grunzte Peper und fuhr sich mit der Hand über das stopplige Kinn. Während sich beide Nautiker hinlegten, übernahm der Bestmann die Wache im Ruderhaus.

Zur gleichen Zeit wurde Andzejauskas, der Führer des Memeler Lotsendampfers *Schliekmann*, von seinem Vorgesetzten geweckt und angewiesen, den Kutter seeklar zu machen. Mitten aus dem Tiefschlaf gerissen, verstand er nicht das Warum und Wieso, aber er gehorchte, denn Befehl war Befehl. Als er angekleidet am Liegeplatz des Lotsenversetzdampfers erschien, staunte er nicht schlecht. Zehn Staatspolizisten, bis an die Zähne bewaffnet, warteten auf ihn. Sie standen unter dem Kommando von Mastaikis, dem Staatspolizeikommandeur der Stadt. Obwohl er noch nicht lange im Amt war, hatte er sich bei der überwiegend deutschen Bevölkerung schon recht unbeliebt gemacht.

»Was soll das alles?« fragte der unausgeschlafene Lotsenkapitän, dem sein Mißmut deutlich vom Gesicht abzulesen war.

Mastaikes fuhr ihn barsch an: »Reden Sie nicht, werfen Sie die Leinen los und fahren Sie in Richtung Polangen. Draußen innerhalb der Dreimeilenzone ankert ein Dampfer. Wir werden heute den deutschen Schmugglern ihr dreckiges Handwerk legen!«

Die Liebe des Staatspolizeikommandeurs zu Emma, der leichtgeschürzten Frau des Zollhauptmanns, und zum Alkohol hatte sich bis zum Lotsenkapitän herumgesprochen, darum konnte er sich ein anzügliches Grinsen nicht verkneifen.

Als sich das Hilfskriegsschiff *Schliekmann* langsam der vor Anker schwoienden *Willi* näherte, färbte sich im Osten der Himmel schon leicht rötlichgrau. Bis auf den in der Kombüse hantierenden Smutje Heinz Wardega pennten alle an Bord, einschließlich des Bestmanns auf der Brücke. Der Koch hantierte in der winzigen Kombüse und pfiff, wenn auch nicht astrein, das Lied von der weißen Taube. Um ein leeres Gurkenglas durchs Bullauge werfen zu können, öffnete er es und entdeckte dabei den sich anschleichenden Dampfer. Ein siebter Sinn sagte ihm, daß es sich nicht um die erwarteten Ladungsempfänger handelte. Auch die an Deck des Neuankömmlings aufgestellten Maschinengewehre warnten ihn. Wardega ließ das Gurkenglas einfach fallen, stürzte aus der Kombüse und wäre beinahe mit dem Bestmann zusammengestoßen, der inzwischen aufgewacht war und Kaffee holen wollte.

»Karl, Karl, dicke Luft!«

Mehr sagte er nicht, aber Karl wußte sofort Bescheid, als er den Lotsendampfer sah. Er machte auf den Hacken kehrt, riß die Tür zur Kapitänskajüte auf und brüllte: »Feind in Sicht! Alarm!«

Hans Peper war sofort hellwach. Er hatte angekleidet auf dem abgewetzten Ledersofa gelegen und unruhig geträumt. Auch der Rest der bei der Kaiserlichen Marine ausgebildeten Besatzung mußte nicht lange geweckt werden. Im Nu waren *Willis* »Gefechtsstationen« besetzt. Die Heizer stocherten die Feuer hoch. Langsam, aber stetig stieg der Dampfdruck.

Inzwischen hatte sich der litauische Lotsendampfer auf Rufweite genähert. Für einen Überraschungsangriff war es zu spät. Ein Sprachrohr schob sich vorsichtig aus der Ruderhaustür, und der dahinter stehende Polizeibeamte fragte laut und deutlich, was der Dampfer geladen habe.

Kapitän Hans Peper nahm sich viel Zeit. Er hob die Hand, winkte freundlich hinüber und suchte umständlich nach dem Sprachrohr, denn noch reichte der Dampf im Kessel nicht, um abhauen zu können. Er mußte Zeit gewinnen.

»Stückgut!« rief er schließlich. »Wir haben Kesselschaden – nicht schlimm, sind schon dabei, den Schaden zu beheben.«

Der Lotsendampfer hatte gestoppt. Peper konnte sehen, daß drüben im Ruderhaus beraten wurde. Endlich hatten sie sich geeinigt. »Wohin soll die Reise gehen?« fragte der Kommandant.

Langsam trat der Alte hinaus, näher an die Reling, ließ sich das Sprachohr nachbringen und schrie zurück: »Order für Helsinki! Doch wir brauchen keine Hilfe, wir kommen schon klar. Sie könnten aber ein Telegramm von Memel aus nach Helsinki schicken. Bitte notieren Sie die Adresse: Oy Ohlström, Garden, ich wiederhole: Oy Ohlström, Garden: Ankunft verspätet, storniere Ladungsbeginn. Danke für Ihre Hilfe!« So ruhig, als ob er damit alles Notwendige gesagt hätte, drehte er sich um. Nur der Steuermann sah sein Grinsen.

»Was macht der Dampfdruck, Styrmann?«

»Er reicht. Aber ich glaube, sie fressen das.«

»Dann gebe ich einen aus.«

Aber Kommandeur Mastaikes war ein mißtrauischer Mensch. Plötzlich erschienen die bisher unter Deck verborgenen zehn Staatspolizisten mit ihren Gewehren und postierten sich an der Reling des Lotsenversetzdampfers: bereit, den Dampfer *Willi* zu entern, auch ohne Erlaubnis. Der Kommandeur fuchtelte mit einer Pistole herum und brüllte aufgeregt: »Wer ans Ankerspill geht, wird beschossen! Wir kommen an Bord!«

Kommt überhaupt nicht in Frage, dachte Hans Peper. Er fühlte sich in diesem Augenblick zurückversetzt in die Zeit, als er noch bei der Kaiserlichen Marine diente.

»Anton, geh in den Kettenkasten und schäkle sie ab!« befahl er.

Anton antwortete so militärisch knapp, wie er's einst gelernt hatte: »Anker abschäkeln, jawoll!«

»Und laß dich um Himmels willen erst an Deck sehen, wenn die Luft wieder rein ist!« rief ihm der Alte nach.

Anton nickte, robbte auf der vom Lotsendampfer abgewandten Seite nach vorn und verschwand ungesehen im Kettenkastenluk. Peper konnte sich auf jeden seiner Männer verlassen.

Das Sprachrohr zum Maschinenraum war geöffnet, so daß der Maschinist unten alles mitbekam, was auf der Brücke gesprochen wurde. Das erleichterte die Kommunikation zwischen Deck und Maschine.

»Voll zurück!« befahl Kapitän Peper.

Die Schraube unter *Willis* Heck begann sich zu drehen. Sein Achtersteven schwoite herum und richtete sich wie geplant auf den Lotsendampfer. Dann rauschte auch schon der Rest der Ankerkette polternd aus, Funken flogen über die zu kurz geratene Back. *Willi* erbebte, als die Maschine voll voraus ging.

»Dreimal volle!« hatte der Alte gebrüllt. Das hätte er sich zwar schenken können, aber er war jetzt ganz in seinem Element, stand wieder als Kommandant auf der Brücke eines Torpedoboots. Unsichtbar wehte am Mast die Flagge »Z«. Doch nicht »Ran an den Feind!« hieß die Parole, sondern weg von ihm. Mit festem Griff packte der Steuermann die Speichen des Ruders. *Willi* nahm Fahrt voraus auf, nur leider viel zu langsam.

Auf der *Schliekmann* dauerte es geraume Zeit, bis der Polizeikommandeur die Lage erkannt hatte. Eine Flucht des Schmuggelfahrzeuges hatte er nicht einkalkuliert, denn sein Schiff war erheblich schneller als der alte Dampfer mit der dünnen langen Angströhre als Schornstein. Der Lotsendampfer nahm die Verfolgung auf.

Erste Schüsse peitschten zunächst warnend über die flüchtende *Willi*. Hans Peper ignorierte den Angriff, er glaubte nicht, daß wirklich gezielt geschossen würde. Doch er kannte den litauischen Kommandeur nicht. Plötzlich ratterte ein Maschinengewehr los. Kugeln durchschlugen das hölzerne Ruderhaus. Getroffen schrie Steuermann Bücking auf und schlenkerte den verletzten linken Arm. Blut lief über seine Hand und tropfte auf die Gräting. Kapitän Peper war die Verwundung seines »Gefechtsrudergängers« nicht entgangen. Besorgt erkundigte er sich, ob er ihn ablösen solle. Doch Bücking winkte gelassen ab: »Sind nur Splitter, Kapitän!«

Gebückt blieb er hinter dem Ruderrad stehen und steuerte das Schiff mit der noch heilen Hand, ohne den Lotsendampfer aus den Augen zu verlieren. Der traf Anstalten, sie zu überholen, aber so leicht wollte er es ihm nicht machen. *Willi* preschte westwärts. Mit Sicherheit hatten sie inzwischen die Dreimeilenzone verlassen, doch das schien die Verfolger nicht zu interessieren. Aus Willis Schornstein stoben pechschwarze Rauchwolken und trieben wie beabsichtigt auf den immer noch schießenden Lotsendampfer zu. Peper bedauerte zutiefst, keine Nebelbojen mitgenommen zu haben. Sicher lagerten in Danzig welche, die preiswert zu haben gewesen wären.

Mittlerweile währte das einseitige Gefecht schon eine halbe Stunde, ohne daß eine Entscheidung gefallen wäre. Mit sicherem Instinkt brachte der Steuermann die *Willi* immer wieder in eine günstige Lage. Aber da wurde er erneut getroffen. Es waren zwar auch diesmal nur Splitter, aber sie rissen seine Bauchdecke auf. Mit schmerzverzerrtem Gesicht hing er kniend am Rad und ließ es nicht los.

»Ich sorge dafür, daß du das Eiserne Kreuz bekommst«, versprach Hans Peper.

Dem Lotsendampfer gelang es nicht, an die Bordwand der *Willi* zu scheren und die wartenden Polizisten abzusetzen. Doch der Polizeikommandeur von Memel gab nicht auf, schließlich ging es um sein Prestige. Wieder fegte eine längere MG-Salve über die Brücke, und zum dritten Mal traf eine Kugel den tapferen Rudergänger. Jetzt hatte es auch seine rechte Hand erwischt und die linke Schulter. Als er bewußtlos hinter dem Rad zusammenbrach, befand sich die *Willi* zwanzig Seemeilen von der litauischen Küste entfernt.

Eine Weile gierte das steuerlos gewordene Schiff, näherte sich dem Lotsendampfer und schien ihn rammen zu wollen. Da griff der Alte ein und übernahm das Ruder. Die gegnerische Seite nutzte die ungewollte Annäherung. Vier Handgranaten flogen durch die Luft, aber zum Glück schlug nur eine aufs Deck der *Willi*. Der Schaden war trotzdem erheblich.

Das reichte dem Alten. Er zog seine Pistole und erwiderte das Feuer.

Pepers Schüsse richteten auf dem Lotsenversetzdampfer keinen Schaden an, keiner der Polizisten wurde verletzt. Aber er selbst sackte getroffen zusammen und fiel über den bewußtlos am Boden liegenden Steuermann. Der Dampfer hatte nach dem Ausfall der beiden Nautiker keine Führung mehr und schien verloren.

Zwar hatte Bestmann Anton Order gehabt, unter Deck zu bleiben, doch als die Schießerei kein Ende nahm, hielt er es nicht länger aus und kletterte hinauf. Er kam zur rechten Zeit, die führerlose *Willi* zu übernehmen, denn der Dampfer begann sich im Kreis zu drehen. Anton brachte ihn wieder auf Kurs und gab dem »Feind« keine Gelegenheit zum Entern.

Kurz vor Mittag stellte die *Schliekmann* schließlich das Feuer ein und gab die Verfolgung auf. Endlich konnte sich die Besatzung um die Verwundeten kümmern. Der stark geschwächte Steuermann wurde verbunden, der Kapitän in seine Koje gelegt. Er lehnte weitere Hilfe ab und bat, den Dampfer entweder nach Pillau oder nach Danzig zu bringen. Danzig wäre besser, um die Angelegenheit zu vertuschen.

Am 7. Februar erreichte die *Willi* in den ersten Morgenstunden Neufahrwasser. Die beiden Verwundeten wurden sofort mit dem Krankenwagen ins städtische Krankenhaus gebracht und operiert. Steuermann Bücking brauchte sechs Monate, dann konnte er als geheilt entlassen werden. Doch Kapitän Hans Peper, »Kommandant« des Dampfers *Willi*, starb ein paar Tage nach seiner Einlieferung und wurde in Danzig beerdigt.

## Schuld war nur der Schnaps

»Der in Cuxhaven beheimatete Fischdampfer *Senator Sander*, geführt von Kapitän Charles Wunderlich, ist am 30. Dezember 1929 von Cuxhaven aus zu einer Fangreise nach Island in See gegangen, aber nicht zurückgekehrt. Zuletzt ist der Fischdampfer am 10. Januar 1930 an der Südwestecke Islands gesichtet worden. Hierdurch werden alle diejenigen, die über das Schicksal des vermißten Fischdampfers *Senator Sander* und seiner Besatzung Auskunft geben können, aufgefordert, diese dem Seeamt Hamburg mitzuteilen.«

Um es vorwegzunehmen: Auf diese Aufforderung meldete sich niemand. »Verschollen« lautete schließlich der Spruch des Seeamts. Die See verlangt gelegentlich Opfer, das war schon immer so und würde auch so bleiben: nichts Außergewöhnliches.

Ein Jahr zuvor aber hatte der Fischdampfer aus einem ganz anderen Grund im Mittelpunkt des öffentlichen Interesses gestanden. Hauptursache dafür war der Suff, daran gab es keinen Zweifel.

Nach Abschluß der umfangreichen Zeugenvernehmungen führte Reichskommissar Vizeadmiral von Ußlar aus, daß es sich hier um einen Seeunfall handle, weil das Schiff durch die Maßnahmen der Besatzung in Gefahr gebracht und zum Anlaufen eines Nothafens gezwungen worden sei. Weil der kaisertreue Vizeadmiral deutschnational bis in die Kragenspitzen war, behauptete er, daß der Fischdampfer sich einer schweren Schädigung des deutschen Ansehens im Ausland schuldig gemacht habe: »Die Vorgänge sind derartig, daß die maßgebenden Stellen, Reedereien und Behörden geeignete Maßnahmen treffen müssen, wieder einen geregelten Fischereibetrieb möglich zu machen und die Kontrolle von Alkohol zu verschärfen.«

Es war mit Sicherheit eine Menge Schnaps an Bord, als der Fischdampfer *Senator Sander* am 2. Februar 1928 Cuxhaven verlassen hatte, um im Weißen Meer dem Kabeljau nachzujagen. Bereits auf der Reise zuvor war es zu schweren Handgreiflichkeiten gekommen, und der Erste Maschinist hatte den Dampfer verlassen müssen. Doch damit war die Angelegenheit nicht aus der Welt. Im Gegenteil, auf der nächsten Reise kam es nach erheblichem Alkoholgenuß bald zu erneuten, vorerst verbalen Auseinandersetzungen. Dem Journal zufolge hatte der Fischdampfer am 7. Februar den kleinen Hafen Tranö angelaufen, um 25 Tonnen Frischwasser zu bunkern. Um den angebrochenen Tag zu nutzen, blieben die Maschinisten und Steuerleute in der Messe hocken und tranken freundlich dem Alten zu. Es hatte ihnen zwar an Trinkwasser gemangelt, nicht aber an Sprit. Die Trinkwasserknappheit war eine abgekartete Sache gewesen, ausgeheckt vom Ersten Maschinisten und dem Kapitän, um ohne Aufsehen ein paar Kisten Schnaps schmuggeln zu können. Die Norweger zahlten gut dafür, ein Geschäft, das mehr einbrachte als ihre prozentuale Beteiligung am Fang.

Als es hell wurde, setzte man die Reise mit Hilfe eines einheimischen Lotsen fort. Beim Mittagessen geriet der Zweite Maschinist Laasch mit dem Alten in einen heftigen Wortwechsel – warum, wußte keiner. Kapitän Grünssing, nicht gerade der Klügste seiner Zunft, wollte dem Kerl die Flausen austreiben, mit Händen so groß wie Trimmerschaufeln. Als der eher schmächtige Zweite Maschinist den wütenden Alten mit geballten Fäusten auf sich zukommen sah, griff er beidhändig nach dem nächsten harten Gegenstand. Das war in diesem Fall die auf der Back stehende gefüllte Suppenschlüssel aus bestem Porzellan. Buchstäblich in letzter Sekunde erschien der Erste Maschinist Papendiek auf der Bildfläche, erkannte blitzschnell die Situation und »entwaffnete« seinen Untergebenen. Zu seiner Entschuldigung muß hinzugefügt werden, daß es seine erste Reise auf dem Fischdampfer war und er keine Ahnung hatte von den an Bord gebräuchlichen Sitten.

Durch das Eingreifen seines Vorgesetzten fühlte sich Laasch betrogen, hatte doch der Erste Maschinist eindeutig Partei für den Kapitän ergriffen. Wo blieb der Stolz der Schwarzen Gang? Er stieß Papendiek zur Seite, eilte schnurstraks in den

Maschinenraum und stoppte die Dampfanlage. Sie wieder in Gang zu setzen, lehnte er entrüstet ab.

Der Alte zögerte keinen Moment, seine ganze Autorität in die Waagschale zu werfen. Doch bevor er den Maschinenraum betreten konnte, erhielt er einen fürchterlichen Schlag auf den Schädel, der ihn sofort von den Beinen warf und ins Land der Träume katapultierte. Später behauptete der Erste Steuermann, er habe zwar zugelangt, aber natürlich nicht den Herrn Kapitän treffen wollen. Der Alte wäre ihm sozusagen vor die Faust gelaufen. Bei dieser schwer zu widerlegenden Aussage blieb er auch, als er ausgenüchtert wieder klar denken konnte, denn ein tätlicher Angriff eines Steuermannes auf den Schiffsführer galt vor jedem Seeamt als schweres Delikt.

In die Ecke gedrängt, gab der Steuermann immerhin zu, noch eine private Rechnung mit dem Kapitän offen zu haben. An die aber hätte er in dem Augenblick wirklich nicht gedacht, dazu wäre er viel zu betrunken gewesen. »Ich hab' ja gar nicht gewußt, daß ich an Bord war, ehrlich!«

Das Seeamt konnte ihm beim besten Willen nicht das Gegenteil beweisen, obwohl es seinen Ausführungen keinen Glauben schenkte. Doch damit konnte der Steuermann gut leben.

Um ein drohendes Auflaufen auf einen nahen Unterwasserfelsen zu vermeiden, ließ der norwegische Lotse den Fischdampfer vor Anker legen. Immer noch benommen von dem Schlag, aber wütend wie ein Heringshai an der Angel, schickte Kapitän Grünssing den Zweiten Steuermann in den Maschinenraum. Er sollte Laasch zum Aufgeben überreden. Doch der Zweite Maschinist hatte sich immer noch nicht in der Gewalt. Lallend forderte er den Zweiten auf, sofort seinen Maschinenraum zu verlassen. Er hätte hier nichts zu suchen und keinerlei Befehlsbefugnisse. »Hier herrschen wir, die Herren des Feuers!« Als er merkte, daß der Steuermann nicht beeindruckt war, hielt er den heißen Dampfschlauch in seine Richtung. Am Unterleib verbrüht, schrie der junge Nautiker entsetzt auf und verließ fluchtartig den Maschinenraum.

Plötzlich erklangen Rufe aus dem daneben liegenden Heizraum: »Es dringt Wasser durch die Kühlleitung ins Schiff!« schrie einer der dort so gut wie eingesperrten Trimmer und setzte kläglich hinzu: »Wir saufen ab!«

Diese Erkenntnis machte Grünssing nüchtern, denn er verspürte keine Lust, wie eine Ratte abzusaufen. Der Zweite Maschinist hatte also die Maschine, nicht aber die Kühlleitung abgedreht, und nun drohte der Fischdampfer im Fjord zu sinken. Es gelang dem Alten, den Ersten Maschinisten von der Gefahr zu überzeugen, was schwierig und zeitraubend war, denn Papendiek hatte sich inzwischen mit seinem Kollegen solidarisiert. Gegen ihn zu handeln war nicht gerade loyal, mußte aber sein. Er gelangte in den Maschinenraum, schloß die Kühlleitung und lenzte die Bilge. Irgendwann schlief der Zweite Maschinist ein, erschöpft von Aufregung und Alkohol, und der Dampfer konnte seine Reise fortsetzen.

Mit Hilfe des Lotsen brachte der Kapitän die *Senator Sander* nach Harstadt. Dort ließ er den rabiaten Zweiten Maschinisten von der Polizei von Bord holen und einsperren. Laasch vermochte sich an nichts mehr zu erinnern, auch nicht an den Zweiten Steuermann, der mit verbrühtem Bauch ins Krankenhaus gebracht werden mußte. Als ihm die Tat vorgehalten wurde, schüttelte er empört den Kopf. »So was würde ich nie im Leben tun, niemals!« behauptete er stur.

Unter diesen Umständen blieb Kapitän Grünssing keine andere Wahl, als die Jagd nach dem Kabeljau abzubrechen und zurück nach Cuxhaven zu dampfen. Die Reederei sah das anders und entließ den Alten. Einer mußte ja schuld sein an dem Desaster. Das Seeamt Hamburg ging noch darüber hinaus und bekannte: »An Bord des Fischdampfers *Senator Sander* haben in den norwegischen Schären Schlägereien zwischen den Maschinisten und den Steuerleuten stattgefunden, welche dazu führten, daß die Maschinisten der Schiffsleitung den Gehorsam aufsagten und ohne Befehl die Maschine stoppten. Die Hauptursache dieser Vorfälle liegt aber darin, daß der Kapitän, der Erste Offizier und die beiden Maschinisten sich am Morgen des Tages betrunken hatten.«

Das Seeamt Hamburg verbot dem Kapitän die weitere Ausübung seines Gewerbes und entzog auch den beiden Maschinisten die Patente. Damit war zunächst Ruhe auf dem Fischdampfer eingekehrt. Aber es gibt Schiffe, die das Unglück förmlich schon im Kiel tragen. So ein Schiff muß auch die *Senator Sander* gewesen sein, denn ein gutes Jahr später ging sie bei Island verloren.

# Ein Schuß und 31 Tote

Der Dampfer *Baden* der Hamburg-Amerika-Linie hatte am 3. Oktober 1930 seinen Heimathafen verlassen und nahm Kurs auf die Ostküste Südamerikas. In den Laderäumen lagerten etwas mehr als 6000 Tonnen Güter aller Art, und 169 gutzahlende Passagiere tummelten sich in den Unterhaltungsräumen des Schiffes und freuten sich auf die Überfahrt. Acht Tage später erreichte der Dampfer den spanischen Hafen Gijon, um weitere 227 Zwischendeckspassagiere und spanisches Personal an Bord zu nehmen. Im portugiesischen Leixoes stiegen noch 47 Reisende dazu. Für eine so große Anzahl war die *Baden* nicht vorgesehen, deshalb waren schon in Hamburg in einigen Zwischendecks provisorische Lagerstätten eingerichtet worden. Es fehlten auch nicht zusätzlich installierte Toiletten und eine Kombüse auf dem Achterschiff. Die Passagiere waren einfache Leute mit leichtem Gepäck, die nach Argentinien wollten, um bei der bevorstehenden Weizenernte zu helfen. Die nicht gerade feudalen Unterkünfte in den eigentlichen Laderäumen des Frachters, nach Geschlechtern getrennt, nahmen sie als gegeben hin. Hauptsache, die Passage war billig.

Nach einer Gutwetterreise legte die 8803 BRT große *Baden* am 24. Oktober im Hafen von Rio de Janeiro an und begann sofort mit dem Löschen der Ladung. 37 Kajütpassagiere verließen das Schiff, nicht ohne der *Baden* und dem Kapitän eine gute Weiterreise zu wünschen. Kapitän Rolin nahm sich die Zeit, jedem an der Gangway die Hand zu schütteln. Um nichts in der Welt hätte er mit ihnen getauscht, denn in Brasilien wurde wieder einmal geputscht. Das war auch auf der *Baden* nicht zu überhören, denn die Südamerikaner waren schnell mit den Gewehren zur Hand. Polizei und Militär durchkämmten das Hafenviertel, immer wieder fielen Schüsse. Wer auf wen zielte, wußte keiner zu sagen und schon gar nicht, warum wieder geputscht wurde.

Schließlich brannte nicht weit vom Liegeplatz der *Baden* ein großes Gebäude. Hell loderten die Flammen, es dauerte Stunden, bis endlich die Feuerwehr eintraf und mit der Brandbekämpfung begann. Als die Knallerei in den Morgenstunden nicht nachließ, sondern eher zunahm, drängte der Alte auf schnellere Abfertigung. Unruhig drehte er auf der Brücke seine Runden. Wer ihn von der Seite ansprach, erntete einen mißbilligenden Blick. Dann hielt es ihn nicht mehr an Bord, er mußte zur Firma Theodor Wille & Co., der Hapag-Vertretung in Rio. Makler Albert Schwab empfing den aufgeregten Kapitän und bemühte sich redlich, ihn zu beruhigen. Er berichtete, daß zwei Schiffe versucht hätten, die Hafenausfahrt zu passieren, aber durch Schüsse des Forts Santa Cruz gestoppt worden seien. Was dagegen zu machen sei, wollte der Kapitän der *Baden* wissen. Er dachte an einen Freifahrtschein oder einen Paß. Sie kamen überein, daß die Maklerfirma ein solches zusätzliches Papier besorgen solle, damit die *Baden* ohne Aufenthalt die Reise fortsetzen konnte.

Um 16.00 Uhr war der letzte Kolli an Land. Die Luken konnten geschlosen und verschalkt, das Schiff seeklar gemacht werden. Kurz danach traf der Makler auf der *Baden* ein und mit ihm verschiedene Behördenvertreter. Albert Schwab strahlte, denn er bekam den gewünschten Paß. Wie bei Ausklarierungen üblich, herrschte im Kapitänssalon ein kaum zu beschreibendes Durcheinander, und dazwischen servierte der Steward seelenruhig alkoholhaltige Getränke. Schwab faßte Rolin am Arm, denn er hatte jetzt erst festgestellt, daß auf dem Paß ein handschriftlicher Vermerk die schon genehmigte Passage der Festung wieder aufhob.

»Sie müssen bei der Annäherung ein Signal geben und um Erlaubnis bitten, den Hafen verlassen zu dürfen, Herr Kapitän.«

»Die haben wir ja nun zum Glück, danke, lieber Schwab.«

Der Paß blieb nicht an Bord. Ein Beamter der Hafenbehörde zog ihn ein, nachdem der Kapitän durch Unterschrift erklärt hatte, daß sich auf der *Baden* keine Politiker befänden. Dem Paß beigefügt wurde eine vollständige Passagierliste. Kapitän

Rolin hatte es eilig, seine Gäste spürten das, und entgegen sonstigen Gepflogenheiten verließen sie rasch den auslaufbereiten Frachter. Der Kapitän eilte auf die Brücke, begrüßte kurz den Lotsen und gab dem am Maschinentelegrafen postierten jüngsten Offizier das erste Manöverkommando für die Maschine. Zwei Schlepper zerrten die *Baden* vom Kai. Zurück blieben ein paar Bekannte und Freunde.

Um 17.00 Uhr hatten sie abgelegt, wenige Minuten später passierten sie den vor Anker liegenden Kreuzer *Minas Geraes* und dippten die Landesflagge. Die Höflichkeit wurde vom brasilianischen Kriegsschiff erwidert. Für alle Fälle hatte man das internationale Flaggensignal »Ich habe meine Papiere an Bord« auf der Peilbrücke des Dampfers parat gelegt. Die Schlepper warfen ihre Trossen los, gleich darauf verabschiedete sich auch der Lotse, und unter Führung des Ersten Offiziers, der die Wache übernommen hatte, strebte die *Baden* nun schnell der offenen See zu. Das Fort Santa Cruz war schon auszumachen. Auf seinem Mast wehte ein Signal, nur war es offensichtlich nicht für die *Baden* bestimmt, denn nach dem Internationalen Signalbuch hieß es: »Das Boot kann nicht mit Rudern vorwärts kommen.«

»Wir rudern ja nicht«, brummte der Alte, am Brückenfenster stehend. Selbst wenn er auf den Gedanken gekommen wäre, daß die brasilianische Küstenstation sich des nationalen Signalbuchs bediente, hätte ihm das nicht viel geholfen, denn ein solches Buch befand sich nicht an Bord. Er konnte nicht ahnen, daß die Festung Santa Cruz und die ganze Küste alarmiert worden war.

Kaum hatte die *Baden* das Hafenbecken verlassen, war ein Angestellter der Hafenverwaltung auf der nächsten Polizeistation erschienen. Er äußerte den Verdacht, daß auf dem Schiff politische Flüchtlinge seien, und berichtete von einem Gespräch, das Kapitän Rolin mit einem Mann in seinem Beisein geführt habe. »Was hast denn du so spät noch an Bord gemacht? Du hast wohl jemanden eingeschmuggelt«, habe der Kapitän dem ihm unbekannten Mann zugerufen.

Gesagt war gesagt, wenn auch im Spaß gemeint. Der Polizeikommandeur verstand es jedenfalls falsch und telefonierte sofort mit dem Festungskommandanten, er solle die Ausfahrt des deutschen Schiffs mit allen Mitteln stoppen. Major Corantes gab die entsprechenden Befehle, eine Batterie wurde schußbereit gemacht. Mit gezogenem Säbel beobachtete der Batterieführer die herandampfende *Baden*. Keine 200 Meter war das Schiff entfernt. Noch zögerte der Leutnant in der Hoffnung, die *Baden* würde stoppen, wie das Signal befahl. Doch drüben tat sich nichts. Unbeirrbar zog der Dampfer seewärts. Da befahl er: »Batterie richten!«

Santa Cruz lag querab. Kapitän Rolin entdeckte ein Boot zwischen dem Schiff und der Festung, das sich offensichtlich bemühte, Land zu erreichen. Dem eigenen Schiff konnte das Signal kaum gelten, dachte er, und schickte nach unten um frischen Kaffee. Auf den Decks tummelten sich die Passagiere und schlossen mit dem Schiff Bekanntschaft, auch mit anderen Reisenden, wenn es sich ergab. Man hatte ja Zeit und mußte nichts überstürzen.

Auf dem Fort aber sah es anders aus. Major Corantes mußte jetzt handeln. Er gab Befehl zu feuern. Entweder zu spät oder es war schlecht gezielt worden, jedenfalls schlug die Granate im Kielwasser der *Baden* ein. Weil alle Augen auf der Brücke des Dampfers nach vorne gerichtet waren, reagierte keiner auf den Schuß. So umrundete der Dampfer den Zuckerhut, passierte die Insel Counduba und das darauf befindliche Fort Vigia, von dem ebenfalls auf die *Baden* geschossen wurde, aber so ungenau, daß Kapitän Rolin annahm, es handle sich um Schüsse der siegreichen Putschisten. Deren Streit war nicht seine Sache, er hatte sich da tunlichst herauszuhalten.

Inzwischen steuerte die *Baden* einen anderen Kurs und näherte sich dem außerhalb der Bucht gelegenen Fort Copacabana. Am Flaggenmast hing bei völliger Windstille ein buntes Tuch herab. Rolin hielt es für eine rote Flagge, der Erste Offizier für den herabhängenden Arm eines Semaphors. Sie konnten sich darüber nicht einigen, waren aber beide überzeugt, daß ihnen das Signal nicht galt, wenn es denn überhaupt eines war. Sie hatten ja einen gültigen Seepaß.

Die Uhr im Kartenhaus zeigte 17.40 Uhr, als eine Explosion die *Baden* erschütterte. Die Granate hatte den Besanmast getroffen und krepierte über dem Achterschiff, das voller Passagiere war. Der Mast stürzte um und mit ihm zwei Ladebäume. Das schwere Geschütz auf Fort Vigia hatte nur einmal geschossen. Die Granate sollte, so hieß es später, weit vor der *Baden* einschlagen.

Der Erste Offizier Cammann bat den Kapitän, sofort die Maschine zu stoppen. Er kannte aus eigener leidvoller Erfahrung den Krieg zur See. Doch der Alte hatte schon geistesgegenwärtig den Telegrafen auf Stopp gestellt. Um weiteres Unheil zu verhüten, ließ er drei kurze Töne mit der mächtigen Dampfpfeife geben und die Flagge auf halbmast setzen zum Zeichen, daß Tote und Verwundete an Bord waren.

Zufällig hatte sich gerade der Schiffsarzt auf dem Bootsdeck befunden. Angeregt plauderte er mit einer jungen Dame, deren Mann an der Bar Platz genommen hatte, als er durch den Luftdruck der Explosion gegen ein Geländer geschleudert wurde. Er rappelte sich hoch, half der Frau auf die Beine, entschuldigte sich und machte sich auf den Weg zum Schiffshospital. Zwischen den Ladebäumen und dem umgestürzten Besanmast wälzten sich Passagiere in ihrem Blut. Die Deckwaschleitung war geplatzt, das blutige Wasser floß durch die Speigatten die Bordwand hinunter. Das Schreien und Stöhnen der Unglücklichen, die zerschlagen und zerrissen herumlagen, erfüllte die Luft. Entsetzt eilten die Seeleute herbei und standen zunächst wie gelähmt vor diesem Jammer.

Sieben Passagiere waren sofort tot. Während die *Baden* kehrtmachte und langsam zurück nach Rio dampfte, begann Dr. Heise, die Verletzten zu versorgen. Anfangs wurde er noch von einem spanischen Arzt unterstützt, doch dieser entfernte sich bald darauf, weil ihm angesichts des Elends übel wurde. Ein portugiesischer Arzt griff überhaupt nicht zu, weil keiner seiner Landsleute verletzt worden war, sondern zog sich ungeniert an die Bordbar zurück. Seeleute waren es, unterstützt von ihren Offizieren und angeleitet vom eigenen Bordarzt, die eingeklemmte Menschen aus den Trümmern befreiten.

Inzwischen war die übers Achterdeck laufende Ruderkette notdürftig repariert worden. Als die *Baden* das Fort Santa Cruz erreichte, wehte am Mast das Flaggensignal BTY. Nach ihrem Signalbuch hieß das: »Nehmen Sie das Boot auf«. Rolin vermutete, daß es sich um ein Boot mit Ärzten handelte, und stoppte die Maschine. Vierzig Minuten lang wartete er ungeduldig auf die angekündigte Hilfe, die nicht kam, dann überwand er seine Zweifel und ließ weiterfahren. Die verletzten Passagiere starben dem Arzt unter den Händen weg, er konnte nicht länger warten. Doch diesmal wurde nicht geschossen. Als der ankernde Kreuzer *Minas Geraes* in Sichtweite kam, wurde er durch Morsesignale um sofortige Hilfe gebeten und reagierte umgehend. Mit Unterstützung der Marineärzte konnte der Abtransport der Verwundeten und Toten vorbereitet werden, der nach dem Festmachen der *Baden* reibungslos verlief. Für 31 Menschen kam jede Hilfe zu spät, sie traten ihre letzte Reise in Särgen an. 39 Personen waren teils leicht, teils schwer verwundet.

Am nächsten Morgen wurden die Flaggen der *Baden* auf halbmast gesetzt und die trümmerübersäten Decks aufgeräumt. Zwei Tage später konnte die Reise nach Montevideo und Buenos Aires fortgesetzt werden. In beiden Häfen gab es traurige Empfänge und kritische Kommentare in den Zeitungen. Die Schuldzuweisungen hatten schon begonnen, noch bevor die *Baden* am 11. Dezember 1930 wieder in Hamburg eintraf. Nach Löschen der Ladung verholte sie in die Werft. Wie üblich wurde die Besatzung abgemustert.

Die Seeamtsverhandlung am 16. März 1931 in Hamburg erbrachte keine neuen Erkenntnisse. Die Frage blieb offen, warum die *Baden* eigentlich hätte gestoppt werden sollen. Kapitän Rolin kam nicht ohne Tadel davon, auch der Hinweis des Ersten Offiziers, daß ihm nach dem erneuten Einlaufen ein höherer brasilianischer Offizier das Bedauern des neuen Justizministers ausgedrückt hatte, nutzte da nicht viel. Das Fazit der Verhandlung zog der Reichskommissar in einem Satz: »Dieser Fall, der einzigartig in der Geschichte der Schiffahrt ist, hätte sich leicht vermeiden lassen.«

# Panzerkreuzer in Matrosenhand

Ende Dezember 1932, die Weltwirtschaftskrise war auch an den Niederlanden nicht spurlos vorbeigegangen, wurde den Besatzungen der in Südostasien stationierten niederländischen Kriegsschiffe mitgeteilt, daß ab Februar 1933 eine erneute drastische Kürzung ihres ohnehin nicht fürstlichen Soldes erfolgen würde. Vertreter der Mannschaft protestierten, doch die Marinebehörde drohte mit dem Kriegsrecht. Eingeschüchtert verließen die Abgesandten die Sitzung, aber in den Matrosenlogis der Schiffe gärte der Unmut weiter. Und weil den indonesischen Matrosen noch mehr vom Sold abgezogen werden sollte als den niederländischen, wurden auch antikolonistische Stimmen laut. Am 30. Januar 1933 verweigerten die Matrosen der Marinebasis Surabaja den Dienst. Die Marinebehörde reagierte unverzüglich, verhaftete 428 Matrosen und verhängte das Kriegsrecht über die gesamte Kolonie. Damit war der Aufstand an Land niedergeschlagen. Die Kriegsschiffe erhielten Order, den Hafen Surabaja unverzüglich zu verlassen und in See zu gehen.

Unter Befehl von Kapitän Eickenboom befand sich der 24 Jahre alte Panzerkreuzer *Zeven Provincien* auf einer Inspektionsfahrt nach Nordsumatra. Er schaffte nur noch fünfzehn Knoten und wurde als eine Art Strafschiff der Flotte benutzt. An Bord befanden sich etwa 150 niederländische und 200 indonesische Matrosen. Schikanöse Behandlung und schlechtes Essen hatten die Stimmung bereits aufgeheizt, und als die Nachricht von der Soldkürzung an Bord bekannt wurde, war das Maß voll. Drei Männer fanden sich zusammen, entschlossen, das Schiff in ihre Gewalt zu bringen. Von einer abgelegenen Position aus sollte dann die Regierung gezwungen werden, die Soldkürzungen zurückzunehmen. Ob der politische Kopf der Aufrührer, der Matrose Paradji, wirklich glaubte, er könne die niederländische Krone zu einer Revision der Beschlüsse zwingen, läßt sich nicht mit Sicherheit sagen. Fest steht, daß er ein Rebell gegen jegliche Ordnung war.

Blitze zuckten über den regenverhangenen Himmel, es war unbeschreiblich schwül im Inneren des Panzerkreuzers, als am 3. Februar 1933 die *Zeven Provincien* an der Nordspitze Sumatras ankerte. Tags darauf durfte der weitaus größte Teil der Mannschaft an Land, um sich zu erholen. Nur wenige Offiziere, Unteroffiziere und die Wache blieben an Bord zurück. Die Herren Offiziere machten es sich unter den Sonnensegeln bequem. Bei den zur Wache eingeteilten Mannschaftsgraden befand sich auch ein Teil der zum Aufstand entschlossenen Matrosen. Als sie sich gerade mit Gewehren und Munition aus dem Waffenlager versorgen wollten, wurden sie von Offizieren des Schiffes überrascht. Drei konnten gefangen und eingesperrt werden, anderen gelang es, sich im Schiffsinneren zu verschanzen. Einer entkam mit einem Boot an Land und verbreitete die Nachricht von der Meuterei.

Zum engsten Gefolge des Matrosen Paradji zählte der Funker Rumambi und der Sanitätsgefreite Gosal. Auf der Kommandobrücke hatte der indonesische Matrose Kawilaren die Wache übernommen, während ein Korporal-Maschinist im Maschinenraum dafür sorgte, daß die Feuer unter den Kesseln nicht ausgingen. Paradji ließ ankerauf gehen. Mit etwa 150 indonesischen und 50 niederländischen Matrosen an Bord verließ die *Zeven Provincien* Sumatra in Richtung Sundastraße. Zwangsweise mußten sechzehn Offiziere und neun Unteroffiziere die Reise mitmachen. Gelegentlich protestierten sie gegen die Behandlung und sagten den Meuterern ein schlimmes Ende voraus. Doch sie wurden gut behandelt, keiner krümmte ihnen auch nur ein Haar.

Zur Besorgnis bestand schon Anlaß, denn den Rebellen folgte der Regierungsdampfer *Aldabran*. Er war zwar unbewaffnet, lief aber schneller als die *Zeven Provincien*, und an Bord befanden sich außer dem eigentlichen Kommandanten des Panzerkreuzers weitere Offiziere, die sich an Land aufgehalten hatten, als das Schiff in die Hände der Meuterer fiel. Kapitän Eickenboom versuchte über Funk, mit den Rädelsführern ins Gespräch zu kommen, doch das Trio um den

Matrosen Paradji lenkte nicht ein. Das Schiff setzte die Fahrt nach Surabaja fort, und nichts schien es aufhalten zu können.

Auf den anderen Einheiten der niederländischen Flotte in Südostasien hatte die Nachricht von der gelungenen Meuterei auf dem Panzerkreuzer *Zeven Provincien* wie ein Blitz eingeschlagen. Auf dem Kreuzer *Java* glaubten die Matrosen, ähnliches vollbringen zu können, doch der Marinebehörde gelang es durch energisches Eingreifen und Versetzungen, das schwelende Feuer der Unzufriedenheit auszutreten. Drei der vermeintlichen Anführer landeten im Gefängnis. Noch aber schwamm der Panzerkreuzer *Zeven Provincien*, und solange er in der Hand von Meuterern war, gab es keine Ruhe in der Flotte. Paradji verlangte über Funk die Zurücknahme der Soldkürzungen und Freilassung der 428 inhaftierten Kameraden und setzte seine Fahrt nach Surabaja fort.

Für die Marinebehörde kam ein Nachgeben überhaupt nicht in Betracht. Ultimativ forderte sie die Meuterer auf, sich zu ergeben. Doch Paradji und seine Helfer hatten keine andere Wahl, als weiterzumachen und auf ihr Glück zu vertrauen. Das aber schickte sich an, sie zu verlassen. Inzwischen war der Panzerkreuzer umstellt vom Kreuzer *Java*, von zwei Zerstörern und zwei U-Booten. Von Surabaja waren drei Dornier-Flugboote gestartet und erschienen am 10. Februar über der *Zeven Provincien*.

Als der Panzerkreuzer weder Kurs änderte noch die Fahrt verlangsamte, griff eines der Flugzeuge an. Die veraltete *Zeven Provincien*, zur Abwehr von Flugzeugen kaum ausgerüstet, geriet bereits nach dem ersten Bombentreffer in Brand. 23 Matrosen fielen, darunter der Anführer Paradji, der Funker Rumambi und der Sanitätsgefreite Gosal. Während die Matrosen das Feuer bekämpften und sich um die verletzten 25 Kameraden bemühten, wurde der Panzerkreuzer geentert. Nach Ausschaltung des Führungstrios konnte der Rest der Meuterer leicht überwältigt und verhaftet werden.

Ein Militärgericht verhandelte Mitte November 1933 über

die Meuterer. 140 indonesische und 35 niederländische Matrosen wurden zu Kerker und Zwangsarbeit von sechs bis achtzehn Jahren verurteilt.

# Jugendliche Brandstifter

Ein wichtiger Schritt beim Wiederaufbau der deutschen Seeschiffahrt waren die Stapelläufe der beiden Vierschrauben-Turbinenschiffe des Norddeutschen Lloyds *Europa* und *Bremen* am 15. und 16. August 1928. Mit ihrem Tonnenmaß von je 46000 BRT waren die beiden Ozeanriesen die größten Schiffe, die nach dem Ersten Weltkrieg gebaut wurden. Sie wirkten wie eine Herausforderung an die Engländer. Reichspräsident von Hindenburg hielt auf der Werft Deutsche Schiffs- und Maschinen A. G. in Bremen die Taufrede. Er erinnerte an die stolze Geschichte der Bremer Reederei und die harten Bedingungen des Vertrags von Versailles, die Deutschland seiner gesamten Überseeflotte beraubt hatten, und kam dann zu dem eigentlichen Taufspruch: »Dir aber, du stolzes Schiff, geben wir den Namen, den vor siebzig Jahren der erste transatlantische Lloyddampfer erhielt, den Namen *Bremen*. Möge dieses Schiff, in stets glücklichen Fahrten die See durcheilend, den deutschen Willen zur friedlichen Mitarbeit unter den Völkern über die Meere bringen...« Klirrend zerbarst die Flasche Schaumwein am Bug der *Bremen*, worauf das Deutschlandlied angestimmt wurde.

Für die 187. Rundreise Bremen–New York–Bremen des Schnelldampfers *Bremen* war der 22. August 1939 als Ausreisetermin festgesetzt, trotz der Kriegsvorbereitungen in Europa. Um 13.30 Uhr erklang der Ruf der Stewards: »Besucher von Bord!« Bald darauf löste sich der gewaltige, schwarzgestrichene Rumpf des Luxusdampfers von der Pier. Vom obersten Promenadendeck scholl die Musik der Bordkapelle als Abschiedsgruß zu den auf dem Kai Zurückbleibenden hinunter, die traurig oder sehnsüchtig dem Schiff nachblickten, das schnell seewärts entschwand.

Im Englischen Kanal herrschte reger Kriegsschiffsverkehr. Kreuzer, Zerstörer und Torpedoboote kreuzten den Kurs der *Bremen* und machten die Schiffsleitung nachdenklich. Statt wie üblich Southampton anzulaufen, ankerte die *Bremen* zwei Stunden unterhalb des Hafens. Der alte Tender *Grüßgott* brachte die für das Schiff gebuchten Passagiere zur *Bremen* hinaus. So konnte sie noch am selben Tag Cherbourg auf der anderen Kanalseite anlaufen. Eile war geboten!

Das Wetter blieb während der ganzen Überfahrt sommerlich warm, aber inzwischen hatte sich die politische Situation in Europa weiter zugespitzt. Das Wort »Krieg« machte die Runde durch sämtliche Decks. Der Gedanke, binnen kurzem aufeinander schießen zu müssen, beunruhigte die internationalen Passagiere beim abendlichen Gespräch an der Bar.

Am 25. August betrat kurz vor dem Abendessen der Erste Funkoffizier die Kapitänsräume und überreichte Kommodore Ahlers ein Code-Telegramm aus der Heimat. Nur Ahlers war in der Lage, es zu entschlüsseln. Der Inhalt kam nicht mehr unerwartet. Ihm wurde befohlen, entweder umzukehren oder einen neutralen Hafen anzulaufen. Den halben Weg über den Atlantik hatte die *Bremen* bereits zurückgelegt, die Vereinigten Staaten würden vorerst neutral bleiben, also entschloß sich der Kommodore, seine Passagiere ans Ziel ihrer Wünsche zu bringen, nach New York. Auf der Jungfernreise vor zehn Jahren hatte die *Bremen* auf Anhieb das begehrte Blaue Band für die schnellste Nordatlantiküberquerung errungen. Daran erinnerte sich der Kommodore jetzt, und er forderte den Chief auf, die Geschwindigkeit zu erhöhen.

Problemlos erreichte die *Bremen* ihren Zielhafen, und 1700 Passagiere verließen den Luxusdampfer. Hatte Ahlers gehofft, sofort nach dem Bunkern die Heimreise antreten zu können, so sah er sich enttäuscht. Die *Bremen*, so wollte es ein schnell erlassenes amerikanisches Gesetz, mußte zunächst gründlich auf verborgene Waffen untersucht werden, und das dauerte. Fast vierzig Stunden gingen damit verloren. Natürlich war die Suche nach versteckten Geschützen und Torpedorohren vergeblich gewesen. Endlich hielt der Kommodore die Ausklarierungspapiere in Händen, und die *Bremen* durfte den Hudson River verlassen. Passagiere waren nicht an Bord.

Auf der *Bremen* wurden alle möglichen Vorkehrungen getroffen, um das Schiff notfalls versenken zu können. Auf keinen Fall sollte es dem künftigen Feind in die Hände fallen. Matrosen schafften Matratzen und anderes gut brennbares Material in die untersten Decks. Sie wurden zu Brandherden gestapelt, um einem Feuer später schnelle Nahrung zu geben.

Kommodore Ahlers hatte einen Kurs gewählt, der abseits der großen Schiffahrtsstraßen lag. In Sicht kommenden Schiffen wurde rechtzeitig ausgewichen, direkte Begegnungen bei Tag vermieden. Das Versteckspiel hatte begonnen.

Alle noch gehegten Hoffnungen auf eine diplomatische Lösung des Polenkonflikts brachen am 1. September in sich zusammen. In den Morgenstunden hatte der deutsche Überfall auf Polen begonnen, der Krieg war da. Inzwischen hatte die *Bremen* die Ostecke von Neufundland erreicht. Das Wetter war günstig, die Luft verhangen und die See nur mäßig bewegt. Zwei Tage später waren die Männer auf der *Bremen* um eine Hoffnung ärmer, denn Großbritannien hatte Deutschland den Krieg erklärt; Frankreich folgte und kam damit ebenfalls seinen Verpflichtungen gegenüber Polen nach.

Kommodore Ahlers mußte nicht hellsehen können, um zu begreifen, daß mit der Kriegserklärung die Suche nach der *Bremen* beginnen würde, aber die Royal Navy wußte zu dieser Zeit nicht annähernd ihre Position. Das kam der *Bremen* zugute. Die Seeleute begannen, ihr Schiff zu tarnen. Die Aufbauten erhielten statt der blendend weißen eine gelbe Farbe, auch die Schornsteine wurden umgestrichen, die Schriftzüge an Bug und Heck verschwanden. Der Durchbruch durch die noch nicht ganz effektive britische Blockade erfolgte zwischen Grönland und Island.

Ahlers war überzeugt, einen deutschen Nordseehafen erreichen zu können, denn die beste Waffe der *Bremen* war ihre hohe Geschwindigkeit; nur Flugzeuge hätten sie aufhalten können. Doch es kam anders: Ein Telegramm beorderte die *Bremen* zum neuen Verbündeten Rußland. Am 6. September 1939 erreichte sie Murmansk und war vorerst außer Gefahr.

Wochen der Untätigkeit folgten, dann erhielt Ahlers von der Marineleitung freie Hand zur Heimkehr, und der Kommodore zögerte nicht. In aller Herrgottsfrühe verließ die *Bremen* am 6. Dezember Murmansk. Noch trennten 1600 Seemeilen das Schiff von der Heimat, aber drei Tage später lag sie an der Columbuskaje in Bremerhaven. Ganz Deutschland jubelte über die schnelle Fahrt der *Bremen*.

Als Schiff »802« sollte die *Bremen* an der geplanten Invasion Englands teilnehmen, die von der Kriegsmarine unter der Bezeichnung »Seelöwe« vorbereitet wurde. Es kam zu zahlreichen Umbauten in Hamburg, die *Bremen* wurde bewaffnet. Als Operation »Seelöwe« längst abgeblasen war und der ehemalige Ozeanriese wieder in Bremerhaven lag, blieben ein paar kleinere Kanonen an Bord. Kommodore Ahlers hatte das Kommando an einen jüngeren Kapitän abgetreten, die Besatzung war stark verringert worden. Britische Flieger hatten versucht, das Schiff zu treffen, aber bislang waren alle Bomben vorbeigefallen. Doch am 16. März 1941 brannte der Luxusliner plötzlich. Feuerwehren aus Bremerhaven, Bremen und Hamburg kämpften vergeblich. Die gestapelte Flakmunition ging in die Luft und trug erheblich dazu bei, daß die *Bremen* nicht mehr gerettet werden konnte. Der Sicherheitsdienst schaltete sich ein, denn es roch nach Brandstiftung, nach Sabotage. Hatte etwa der britische Intelligence Service seine Hände mit im Spiel wie 1937 auf dem Dampfer *Olivia*? Damals hatte der 7900 Tonnen große Frachter der Hapag am 3. Juni Manila verlassen, als bald darauf eine gewaltige Explosion das Schiff erbeben ließ. In wenigen Sekunden stand die Brücke in Flammen, doch konnte der Brand gelöscht werden. Nach Rückkehr der *Olivia* wurden in Hamburg umfangreiche Untersuchungen vorgenommen. Danach mußte ein von außen am Schiff angebrachter Explosionskörper für den Brand verantwortlich gewesen sein. Und tatsächlich gestand 1940 der von der Gestapo verhaftete Captain Stevens vom britischen Intelligence Service, daß seine Abteilung Höllenmaschinen auf deutschen Schiffen angebracht hätte. So scheute sich das Propagandaministerium nicht, diese erpreßte Aussage auch mit anderen ungeklärten Fällen in Verbindung zu bringen. Also: Sabotage auf der *Bremen*!

Und weil die Leute vom Sicherheitsdienst ihrer eigenen Propaganda glaubten, kamen sie bei der Suche nach dem Brandstifter auf der *Bremen* nicht weiter. Im August 1941 tagte das Kriegsgericht in einer geschlossenen Sitzung im Amtsgericht von Bremen. Drei Wochen lang wurden alle Möglichkeiten erwogen und Zeugen gehört, selbst der siebzehnjährige Schiffsjunge Gustav Sch. Aber alles blieb in der Schwebe. Die Akte verschwand in einer Schublade.

Die deutsche Kriegsmaschine lief auf Hochtouren: Siege, Siege überall. Im Mittelmeer sollte Kreta erobert werden. Ein Teil der *Bremen*-Leute war nach Konstanza beordert worden, auch Gustav Sch. kam auf einen der dort aufliegenden rumänischen Dampfer. Doch er desertierte und gelangte trotz der Kontrollen bis nach Berlin. Dort meldete er sich beim Reichssicherheitshauptamt und gestand, die *Bremen* angezündet zu haben. Zwar dementierte er ein paar Tage später sein Geständnis, doch da war es zu spät. Er wurde angeklagt, verurteilt und schließlich hingerichtet. Auf die Frage, warum er die *Bremen* in Brand gesteckt hatte, sagte er: »Aus Rache!« Aus Rache für eine Ohrfeige. Er wollte den Matrosen, der ihn geschlagen hatte, rennen sehen, wenn es brannte.

Nach dem Krieg wurde auch die Brandstiftung auf der *Bremen* in vielen Publikationen wieder aufgerollt. Es ging darum, ob der Schiffsjunge Gustav Sch. als Täter überhaupt in Frage kam. Eine von einem Matrosen verabreichte Ohrfeige reiche als Tatmotiv nicht aus, wurde behauptet. Restlos konnte der Fall nie mehr geklärt werden, im Gegensatz zur Brandstiftung eines anderen Schiffsjungen.

Weil der siebzehnjährige Kochsmaat Edward T. im Herbst 1970 Angst hatte, die Reise des Heckfängers *Vest Recklinghausen* mitzumachen, zündete er, als das Schiff in Höhe des Leuchtturms Roter Sand stand, einen Pappkarton an. Das Feuer wurde zum Brand, der Brand zur Katastrophe. Acht

Seeleute fanden den Tod, drei wurden schwer verletzt. Edward T. sah mit an, wie einer seiner Kameraden langsam und qualvoll verbrannte, als er sich durch ein Bullauge zu retten versuchte und darin steckenblieb.

Der Kochsmaat wurde nicht zum Tode verurteilt, sondern zu acht Jahren Jugendstrafe, für jeden Toten ein Jahr. Und das alles, weil er Horror davor gehabt hatte, wieder für Wochen auf See sein zu müssen.

# Gefangenenmeuterei auf der *Portland*

»Nach dem Festmachen des deutschen Dampfers *Portland* im französischen Hafen Bordeaux am 14. März 1941 kamen 22 Uniformierte an Bord, verhörten und schlugen die Kriegsgefangenen, besonders die Mannschaften von der Royal Navy. Die Verhöre dauerten sechzig Stunden. Die Seeleute Frey, Lynch und Merret wurden nach Hamburg transportiert und wegen Meuterei und Brandstiftung vor Gericht gestellt. Der Rädelsführer wurde zum Tode verurteilt, die anderen zu Gefängnis. Able Seaman Frey, der die volle Verantwortung übernommen hatte, wurde nicht hingerichtet. Alle Angeklagten überlebten den Krieg und erhielten nach der Befreiung die British Empire Medal.«

Das berichtet Martin Brice in seinem Buch »Blockadebrecher«. Über die Vorfälle auf dem Dampfer *Portland* während der Reise gibt ein Bericht an die Befehlsstelle der Kriegsmarine genaue Auskunft. Die als Geheimsache eingestufte Schilderung des Kapitäns Otto P. lagerte jahrzehntelang unbeachtet im Militärarchiv in Freiburg.

Genaugenommen begann die Geschichte schon kurz vor Ausbruch des Zweiten Weltkriegs. Im Gegensatz zu 1914 ruhten 1939 in den Panzerschränken der deutschen Handelsschiffe genaue Order für Kriegszeiten, so auch auf der 1928 beim Bremer Vulkan für die Hapag in Hamburg gebauten *Portland*. Der Stückgutfrachter befand sich am 27. August 1939 auf dem Weg zu einem Hafen an der US-Westküste, als ihn der Funkspruch »QWA 9« erreichte: Kriegsausbruch! Aus dem Panzerschrank holte Kapitän P. den betreffenden Umschlag heraus und öffnete das Siegel. Er zeigte sich gegenüber dem Funker nicht überrascht, als er vorlas: »Alle Möglichkeiten ausnutzen, einen Heimathafen zu erreichen. Falls nicht möglich, Spanien, Italien, Rußland, Niederlande, andernfalls in neutrale Häfen gehen. Auf keinen Fall in die Vereinigten Staaten. Gezeichnet: Marineleitung.«

Kapitän Otto P. war Nationalsozialist, für ihn kam erst die Partei und dann die Reederei. Als Japaner getarnt entging die *Portland* kanadischen Suchflugzeugen und drei lauernden Zerstörern und lief den chilenischen Hafen Coquimbo an. Vorerst war das Schiff damit in Sicherheit. Aber düstere Erinnerungen wurden in Otto P. wach, denn im chilenischen Internierungslager Cajaro hatte er im Ersten Weltkrieg Jahre zugebracht. Er konnte nicht glauben, daß ihm nun erneut das gleiche Schicksal drohte. Doch 1915/16 hatte er als Matrose keinen Einfluß auf das Geschehen gehabt. Das war jetzt anders. Und noch etwas Entscheidendes hatte sich geändert: Die Einstellung der Reeder. 1914 taten sie alles, um die im Ausland liegenden Schiffe zum Ausharren zu bewegen. Sie glaubten, nach gewonnenem Krieg weitermachen zu können, der Kaiser würde es schon richten. 1939 aber saßen an den Schaltstellen der Schiffahrt Parteigenossen der NSDAP. Sie forderten die Kapitäne auf, die Blockade zu durchbrechen. Auf keinen Fall aber sollten die Schiffe in die Hände der Gegner fallen.

Lange Zeit geschah auf der *Portland* nichts. Die Besatzung vertrieb sich die Langeweile mit Spielen, doch das Schiff war jederzeit zum Auslaufen bereit. Weisungsgemäß verholte der Frachter im August 1940 nach Talcuhuano, um in der Werft gründlich überholt zu werden. Am Unterwasserschiff hatten sich Muscheln festgesetzt, die mußten unbedingt weg, denn ein langsames Schiff war ein verlorenes Schiff. Sofort keimte bei den Männern an Bord Hoffnung auf. Sie wollten alle nach Hause, hatten Sehnsucht nach ihren Frauen und Kindern. Ein Blockadedurchbruch aber war unter diesen Umständen nicht möglich, denn sie hatten zu wenig Treibstoff in den Bunkern. Mit dem Rest wären sie bestenfalls bis Kap Hoorn gekommen.

Von geglückten Blockadedurchbrüchen war oft die Rede in den Logis. Begierig wurden sämtliche Nachrichten aufgefangen; die Heimkehr des Schnelldampfers *Bremen* über Murmansk löste unbeschreiblichen Jubel auch auf der *Portland* aus. Wenn man sie nur ließe, würden sie es ebenfalls schaffen.

Selbst Kapitän P. wußte nicht, was die Marineleitung mit

dem Schiff vorhatte. In den ihnen zugänglichen chilenischen Zeitungen wurde von erfolgreichen deutschen Hilfskreuzern berichtet, die im Südatlantik ihr Kaperunwesen trieben und die britische Schiffahrt lahmlegten. Zur gleichen Zeit bedrohte der Schwere Kreuzer *Admiral Scheer* im Atlantik die feindlichen Schiffahrtslinien. Zur Versorgung des deutschen Kreuzers folgte in dessen Kielwasser die mit Munition, Verpflegung und Treibstoff beladene *Nordmark*. Sie hatte genug Diesel in ihren Tanks, um auch dem Frachter *Portland* die Heimreise zu ermöglichen. Am 29. Januar 1941 erhielt der Kapitän die Order auszulaufen, und die gesamte Besatzung atmete auf.

Inzwischen hatte der Marineversorger *Nordmark* verschiedene im Atlantik kreuzende deutsche Schiffe bedient und von der *Admiral Scheer* zahlreiche Gefangene übernommen. Ihre große Zahl wurde langsam zum eigentlichen Problem. Es gab für so viele Menschen keine geeigneten Unterkünfte, auch gestaltete sich deren Bewachung kritisch.

Zwanzig Tage nach dem Auslaufen aus Talcuhuano traf die *Portland* auf dem verabredeten Treffpunkt im Südatlantik ein. Ein reger Austausch von Waren und Menschen fand statt. 350 Tonnen Treibstoff wurden von der *Nordmark* in die Tanks der *Portland* gepumpt, die nach der Berechnung des Chiefs bis zu einem europäischen Hafen reichen würden. Um Platz auf dem Marineversorger zu schaffen, wurden mitten auf See auch 327 Gefangene auf die *Portland* übergesetzt. Der Kommandant der *Nordmark* ernannte den Handelsschiffskapitän und seinen Zweiten Offizier zu Sonderführern.

Dem frischernannten Oberleutnant (S) Otto P. wurden ein richtiger Maat und fünf abkommandierte Marinesoldaten als Wachpersonal für die Gefangenen beigegeben. Er machte sie mit ihrem direkten Vorgesetzten, seinem Zweiten Offizier S., bekannt. Aber der Kapitän gab sich keinen Illusionen hin, er wußte, daß seine kleine Streitmacht nicht ausreichen würde, um einer gut organisierten Meuterei der Gefangenen Herr zu werden. Deshalb galt es, rechtzeitig entsprechende Sicherheitsmaßnahmen zu treffen.

Die Verhältnisse auf der *Portland* waren für den Transport so vieler Menschen nicht geeignet. In den ersten Monaten des Krieges hatte es keine Probleme mit aus dem Wasser gefischten Schiffbrüchigen der britischen Handelsmarine gegeben. Dankbarkeit herrschte vor. Das hatte sich inzwischen jedoch geändert, denn den britischen Seeleuten war die Weiterzahlung ihrer Heuer auch nach dem Verlust ihres Schiffes garantiert worden. So stieg die Bereitschaft der Seeleute, sich für ihr Land einzusetzen.

Zunächst aber blieb auf der *Portland* alles ruhig. Der Dampfer strebte nordwärts, um einen französischen Hafen zu erreichen. Kapitän P. mied die üblichen Schiffahrtsstraßen und hielt Funkstille ein, um die britischen Peilstationen nicht auf den Blockadebrecher aufmerksam zu machen. Am 13. März, die *Portland* befand sich noch rund 300 Seemeilen von der französischen Atlantikküste entfernt, wurde ein Aufklärungsflugzeug gesichtet. Zum Glück für den Frachter war es ein deutsches Flugzeug, und die Gefangenen erhielten Erlaubnis, wieder an Deck zu erscheinen. Die Enttäuschung, nicht von einem britischen Flieger ausgemacht worden zu sein, war den Gefangenen deutlich vom Gesicht abzulesen.

Als um 19.00 Uhr der Zweite Offizier zusammen mit dem Maat die Gefangenenräume unter Deck besichtigte, entdeckte er nichts Verdächtiges. Aber keine zwei Stunden später alarmierte der Posten Achterdeck seine Vorgesetzten mit der Meldung, daß aus dem Ventilator Pfahlmast Luke 4 an Steuerbord Rauch austrat. Der Rauchmelder auf der Brücke zeigte ebenfalls starke Rauchentwicklung an.

Mit Feuer an Bord war nicht zu spaßen. Sofort trat der Feuerlöschtrupp unter Führung des Ersten Offiziers in Aktion und dichtete zunächst die Luken 4 und 5 sowie sämtliche Ventilatoren des Achterschiffs hermetisch ab, um die Sauerstoffzufuhr zu unterbinden. Gleichzeitig drang der Zweite Offizier mit seinen Männern über den Niedergang zu den Proviantträumen vor, um die laut gewordenen Gefangenen in Schach zu halten. Als die eiserne Schottür geöffnet wurde, schlug dem

Trupp dicker Qualm entgegen. Die Gefangenen drängten zur Tür und nahmen eine drohende Haltung ein. Leutnant S., für vergleichbare Situationen nicht ausgebildet, schrie sie erregt an, sich sofort nach Luke 2 zu begeben, und drängte sie zum Verbindungsgang. Da die britischen Seeleute nur widerwillig und unter Verwünschungen die Luke räumten, gab der Leutnant zwei blinde Revolverschüsse ab. Ob notwendig oder nicht, sie reichten jedenfalls, um die Gefangenen in Schach zu halten.

Der Besatzung der *Portland* gelang es, den Brandherd ausfindig zu machen, aber infolge der starken Rauchentwicklung konnte das Feuer nicht gleich gelöscht werden. Erst nach Einleiten von Kohlensäure ließ die Rauchentwicklung nach. Auf der Brücke atmete man erleichtert auf, denn das hätte ins Auge gehen können. Um 21.30 Uhr war die Gefahr beseitigt, der Erste trug den Vorgang im Journal ein. Wer aber hatte den Brand gelegt? Dieser Frage mußte nachgegangen werden. Aufmerksam verfolgte der Funker den erhöhten Verkehr im Äther, aber er konnte die verschlüsselten Funksprüche nicht dekodieren; so blieb man unsicher, ob britische Seestreitkräfte auf der Lauer lagen, um die *Portland* abzufangen, die mit gut 14 Knoten Fahrt nun Kurs auf Bordeaux genommen hatte. Wenn alles gut verlief, konnten sie am nächsten Tag den Schutz deutscher Schiffe und Flugzeuge erreichen.

Die Gefangenen befanden sich jetzt in Luke 2 und wurden von der mit Pistolen und Handgranaten bewaffneten Wache in Schach gehalten. Der Zweite Offizier erklärte ihnen, daß bei der geringsten Herausforderung von der Schußwaffe Gebrauch gemacht würde. Ob die Drohung wirkte, blieb zunächst offen. Doch am nächsten Tag zeigte der Rauchmelder auf der Brücke erneut Rauch in Luke 4 an. Nach mühsamen Vorarbeiten erreichte der Löschtrupp die Brandstelle. Dort fanden sie ein abgebranntes Rotfeuer, versengte Fetzen von Stopfbaumwolle und eines Matratzenbezugs. Damit war Brandstiftung erwiesen, doch der Kapitän konnte unmöglich alle Gefangenen in Eisen legen.

Da sich die an Bord befindlichen fünfzig aktiven Mitglieder der Royal Navy durch ihre Aufsässigkeit besonders bemerkbar gemacht hatten, wurden sie zum Umstauen der Hafersäcke in Luke 4 herangezogen. Nach zweistündiger Arbeit konnte auch der eigentliche Brandherd bekämpft werden. Die Holzlatten waren an der Stelle völlig verkohlt, und die Jutesäcke glühten. Kapitän Otto P. stellte in seinem Bericht fest: »Die Aufsicht über die an Deck arbeitenden Navyleute hatte Maschinenmaat Thieme. Leutnant S. hielt sich in Luke 4 auf und gab den unten arbeitenden Leuten genaue Anweisungen, nach welcher Seite hin man sich zur Brandstelle durcharbeiten mußte. Währenddessen hatte der Obergefreite D. die Aufsicht über die in Luke 2 befindlichen restlichen Gefangenen. Weitere Posten waren: Maschinengefreiter Sch., die Matrosen M. und F. Die Luke war durch elektrische Lampen hell erleuchtet, die von Deck aus ein- und ausgeschaltet werden konnten.

Plötzlich erlosch um 08.30 Uhr das Licht in der Luke, und die Posten standen in der Dunkelheit. Vor sich hatten sie etwa 250 Gefangene, die sie nicht mehr sehen konnten. Um die Aufmerksamkeit des Postens an Deck zu erregen, gab D. einen blinden Schuß ab. Der Matrose F. glaubte den Obergefreiten in akuter Gefahr, stürzte in der Finsternis über eine Türschwelle und zog sich starke Rippenprellungen zu. Er gab ebenfalls Pistolenschüsse ab, dreimal schoß er in die Luft, die als Prellschüsse drei Gefangene verletzten. Der sofort herbeigerufene Arzt stellte einen Lungenschuß und zwei Kopfschüsse fest. Die beiden durch Kopfschuß Verwundeten verstarben kurz darauf und wurden der See übergeben.«

Nach der britischen Version spielte sich die Reise jedoch in wesentlichen Punkten anders ab: An Bord der *Portland* befand sich unter den Gefangenen der Able Seaman Arthur Frey von der *Afric Star*, denn der Schwere Kreuzer *Admiral Scheer* hatte seinen Frachter aufgebracht und versenkt. Arthur Frey war ein Mann von großer Findigkeit und Entschlußkraft. Er versicherte sich der Hilfe der Kameraden Lynch und Merret, und die drei arbeiteten einen Plan aus, um den Zweiten Offizier bei seiner letzten nächtlichen Runde zu überwältigen. Mit ihm als Geisel wollten sie den Kapitän zwingen, ihnen das Schiff zu übergeben.

Gegen diesen Plan erhob jedoch der mit der Führung der Gefangenen beauftragte britische Offizier Einspruch, außerdem hatten Denunzianten den Deutschen eine Warnung zukommen lassen. Die Gefangenen entschieden sich nun, das Schiff auf der Fahrt durch die Biskaya in Brand zu setzen, um die Aufmerksamkeit der Royal Navy auf die *Portland* zu lenken. Sie taten das auch, aber die Bewacher konnten das Feuer wieder löschen. Deshalb warteten die Männer der Navy, die getrennt von ihren Offizieren in einem anderen Laderaum in Bereitschaft lagen, vergebens auf ein Zeichen, die Wachmannschaft anzugreifen und zu überwältigen.

Am nächsten Morgen ging plötzlich und unbeabsichtigt das Licht aus. Ein Wachtposten im Laderaum schoß darauf mit seiner Pistole auf die Gefangenen, die still vor ihm saßen, und verwundete zwei Mann, einen davon schwer. Nach dem Festmachen in Bordeaux kamen im März 1941 SS-Männer an Bord, verhörten und schlugen die Gefangenen, besonders die Angehörigen der Royal Navy.

Die Haupttäter kamen am 18. August 1941 vor ein Militärgericht in Hamburg. Einer der Angeklagten, der Matrosen-Obergefreite Frey, wurde zum Tode, vier Angeklagte zu Zuchthausstrafen bis zu fünfzehn Jahren verurteilt. Das Todesurteil wurde auf Anordnung des Oberbefehlshabers der Kriegsmarine, Großadmiral Raeder, bis zur Entscheidung über ein Gnadengesuch ausgesetzt. Frey verbrachte die Kriegsjahre in Haft und kehrte am 14. Mai 1945 in seine Heimat England zurück.

Die Diskrepanzen zwischen der britischen und der deutschen Version lassen sich nicht ganz ausräumen. Es besteht kein Zweifel daran, daß am 14. März 1941 zwei Gefangene auf der *Portland* erschossen wurden. Die Treffsicherheit – drei Schüsse, drei Treffer – spricht gegen den vom Kapitän behauptbeten Zufall. Auch das angeführte Stolpern über eine Türschwelle im Laderaum macht jeden mißtrauisch, der sich auf Frachtern auskennt. Der wahre Vorgang wurde wohl im Interesse des jungen, übereifrigen Matrosen verschleiert, der aus Angst losgeballert hatte. Gegen ihn gab es kein Gerichtsverfahren.

Unverständlich ist, daß die nach dem Krieg heimgekehrten britischen Seeleute ihre Auszeichnungen entgegennahmen und dabei die beiden Kameraden mit keinem Wort erwähnten, die bei dem mißlungenen Anschlag auf der *Portland* erschossen worden waren. Als die beiden Toten der See übergeben wurden, waren sie an Deck gewesen und hatten mitgebetet. Vergeßlichkeit kam wohl nicht in Frage, vielleicht aber fühlten sie sich am Tod ihrer Kameraden mitschuldig.

Im Herbst 1941 wurde der Frachter *Portland* nach Japan geschickt, um dringend benötigte Rohstoffe für die deutsche Rüstungsindustrie zu holen. Erneut gelang es der Besatzung, die Blockade zu durchbrechen. Aber das schon sprichwörtliche Glück der *Portland* endete am 13. April 1943, als das Schiff vor der Atlantikinsel St. Helena vom französischen Kreuzer *Georges Leygues* gestellt wurde. Dessen Geschützbedienung traf schon mit der zweiten Salve ihr Ziel. Die *Portland* explodierte und sank schnell. Noch vor der Morgendämmerung konnte der Kreuzer aus zwei Rettungsbooten einundfünfzig Überlebende bergen. Sobald der letzte Mann seinen Fuß auf die unterste Sprosse des Fallreeps gestellt hatte, befahl der Kommandant: »Voll voraus!« Der Schrei des auf dem Achterdeck der *Portland* zurückgebliebenen Ersten Offiziers wurde auf dem Kreuzer wohl gehört, aber nichts unternommen, um ihn an Bord zu holen. Mit der Bemerkung: »Das war der Angriff eines Panzers auf einen Knaben mit einer Zündplättchenpistole« ging der französische Kommandant über die Versenkung der *Portland* hinweg. Der deutsche Blockadebrecher war zwar bewaffnet gewesen, doch die beiden Kanonen waren nicht zum Schuß gekommen.

Kapitän Otto P. hatte das Kommando über die *Portland*

krankheitshalber abgegeben. Zwei Jahre später ereilte ihn sein Schicksal. Als Kapitän des Truppentransporters *Goya* ging er am 16. April 1945 in der Ostsee unter und mit ihm rund 7000 an Bord untergebrachte Soldaten und Flüchtlinge. Nie verloren auf einem Schiff mehr Menschen ihr Leben.

# Blinde Passagiere leben gefährlich

Der Dampfer *Hundseck* hatte schon ein langes Leben unter niederländischer Flagge hinter sich, bevor die Bremer Hansalinie ihn erwarb. Kurz nach dem Zweiten Weltkrieg war die Reederei froh, den alten Schlorren in der traditionellen Spanienfahrt einsetzen zu können. Es war auf einer der ersten Reisen, als wir in Cadiz Halt machten. Mit zwei Kollegen hatte ich mir vom Zweiten Offizier Devisen aushändigen lassen. Wir hatten nichts anderes im Sinn, als diese Pesos unter die Schankwirte zu bringen. Bald saßen wir in einer dämmrigen Bodega und ließen den billigen Rotwein durch unsere Kehlen fließen.

Wir waren so jung, daß uns das Leben eine herrliche, kurzweilige Sache zu sein schien. Kaum schauten wir auf, als sich ein unrasierter älterer Mann mit schütterem Haar an unserem Tisch niederließ. Erst als er uns auf deutsch fragte, ob wir Seeleute seien und wohin die Reise gehe, horchten wir auf. Da die Reederei weder Waffen schmuggelte noch Mädchenhandel betrieb, erzählten wir ihm, wenn auch maulfaul, was er gern wissen wollte. Gedanken über das Gespräch machten wir uns nicht. »Hamburg«, sagte der Fremde mit schleppender Stimme, »da lebt mein Vater, nicht weit vom Hafen entfernt, in Eimsbüttel. Es wäre schön, Weihnachten bei ihm zu sein. Früher habe ich mich nicht besonders gut mit ihm vertragen. Früher...«

Wir nickten, alles begreifend, alles verzeihend, und stießen mit ihm auf bessere Zeiten an. Klar verstanden wir, was er von uns wollte, aber mitnehmen konnten wir ihn beim besten Willen nicht. Und genug Geld, um als Passagier die Annehmlichkeiten einer solchen Seereise genießen zu können, besaß er wohl kaum. Hans spendierte ihm noch ein Gläschen Roten, dann erhob er sich und verschwand aus der Bodega. Wir tauschten noch ein paar Episoden von blinden Passagieren aus, dann aber waren unsere Taschen leer. Kredit hatten wir nicht beim Wirt, so kehrten wir zurück auf unseren Dampfer.

Am nächsten Nachmittag verließen wir den Hafen, sahen Spanien achteraus versinken und begaben uns auf die Heimreise. Längst waren die hinterhältigen Weinteufelchen aus unseren Köpfen entwichen und hatten klaren seemännischen Gedanken Platz gemacht. In den Logis herrschte jene angenehme Stimmung, die von Träumen, Wünschen und Erwartungen geprägt ist, wenn der Heimathafen mit seinen Kneipen und weichen Frauenarmen winkt.

Als am Kanaleingang in Sichtweite des französischen Leuchtturms Ushant unsere Dampfmaschine langsam aufhörte, die Schiffsschraube zu drehen, war keiner von uns ernstlich besorgt. Die Wetterlage war ausgesprochen günstig, die See atmete flach, Ängste konnten sich nicht entwickeln. Außerdem mußten meist auf jeder Heimreise ein oder zwei Flammrohre ausgewechselt werden, die uralte Feueranlage hielt eine längere Beanspruchung nicht mehr aus. Unsere Maschinisten verstanden ihre Warnsignale nicht zu deuten, sie hatten es eilig, also drehten sie die Ventile immer bis zum Anschlag auf.

Mutige Heizer krochen wasserübergossen in die noch heißen Kessel und wechselten die Rohre aus: vielleicht eine Strafe für Menschen, die Vater und Mutter totgeschlagen hatten, aber für hitzeempfindliche Leute war das nichts. Danach schenkte ihnen der Chief eine ganze Buddel Schnaps. Welch ein Lohn!

In der Nacht zum Sonnabend dampften wir die Weser aufwärts. Der arbeitsfreie Sonntag im Hafen schien uns sicher, doch unsere Hoffnung sackte ins Bodenlose, als wir die ausgeruhten Stauer auf dem Kai bemerkten, die wenig später sämtliche Decks überfluteten. Noch waren die schweren Trossen nicht richtig belegt, als die Ladebäume schon getoppt und die Luken aufgerissen waren.

»Immer diese Hetze«, meckerten wir und ließen unserer Enttäuschung freien Lauf. Nur fort vom Schiff und hinein in die Arme der Dockschwalben, die Vergessen versprachen!

Plötzlich schrie der Stauervize in der Luke entsetzt auf, als ihm ein menschliches Wrack auf allen vieren entgegenkroch.

Es war nicht der, den wir in Cadiz in der kleinen Bodega getroffen hatten, obwohl gewisse Ähnlichkeiten vorhanden waren. Er sah so abgerissen aus wie ein Beachcomer. Wir lachten, als wir ihn sahen, und wunderten uns, denn der Wachmann in Cadiz mußte nachts gepennt haben – und der war ich gewesen.

Oben im Kapitänssalon war die Hölle los. Der Alte tobte und brüllte mich als den Jüngsten der Offiziere an, weil der älteste sofort zurückgeschrien hatte. So ist das nun einmal auf einem Frachter. Aber ich leugnete alles.

Ich war schon dabei, mich landfein zu machen, da gab es erneut ungewohnten Lärm, diesmal kam er von Luke III. Die dort eingesetzten Stauer hatten einen weiteren blinden Passagier gefunden. Er lag unter einem umgestürzten Kolli und war tot. Und mit *diesem* Mann hatten wir in Cadiz Wein getrunken, wie sich schnell herausstellte. Nicht genug damit: Die beiden »Blinden« waren Brüder. Doch der noch lebende Bruder beteuerte, nicht gewußt zu haben, daß sich der andere ebenfalls an Bord geschlichen hatte, um zu Weihnachten bei ihrem Vater zu sein. Das konnten wir ihm glauben oder auch nicht. Jedenfalls war uns die Lust, an Land zu gehen, verleidet.

Im August 1983 legte der belgische Bananendampfer *Pocahontas* in Bremerhaven an. Für zwei junge Kolumbianer war er zur tödlichen Falle geworden, zwei weitere blinde Passagiere kamen nur knapp mit dem Leben davon. Die vier jungen Leute im Alter zwischen siebzehn und zwanzig Jahren hatten sich im Hafen von Turbo an Bord geschlichen, weil sie nach New York wollten. Dabei war es zu einem verhängnisvollen Irrtum gekommen.

Das für New York bestimmte Schiff hatte neben der *Pocahontas* gelegen. Statt der erhofften Reise von vier bis fünf Tagen Richtung USA mußten die vier, eingesperrt zwischen 5000 Tonnen Bananen, die zwei Wochen dauernde Fahrt nach Bremerhaven mitmachen. In den Kühlräumen des Bananendampfers müssen sich während der langen Reise über den Atlantik grausige Szenen abgespielt haben. Bald war das mitgebrachte Wasser verbraucht, und um nicht zu verdursten, tranken die eingesperrten Männer ihren Urin. Zu essen gab es nichts anderes als grüne Bananen. In den Kühlräumen herrschte eine Temperatur von acht Grad, aber die an tropische Hitze gewöhnten Kolumbianer waren nur leicht bekleidet mit Jeans und Turnschuhen. Hinzu kam, daß die Luft in den Laderäumen umgewälzt wurde, so daß ständig ein kalter Wind wehte.

Alle Bemühungen der Eingeschlossenen, sich bemerkbar zu machen oder sich zu befreien, scheiterten an den dicht verschlossenen, isolierten Räumen. Hätten sich die »Blinden« allerdings auf Kühlschiffen ausgekannt, wären sie schnell befreit worden. Das Umwickeln eines der Temperaturfühler in den Laderäumen hätte Alarmanzeige beim Ladungsoffizier ausgelöst. Und weil es an Bord eines Bananendampfers nichts Wichtigeres gibt als die empfindliche Ladung, wären die »Blinden« umgehend gerettet worden. So aber mußten die beiden Überlebenden mit schweren Unterkühlungen ins Krankenhaus. Als sie wieder sprechen konnten, beteuerten sie, schleunigst zurück nach Kolumbien zu wollen.

Für ein Schiff bedeutet ein blinder Passagier nur Unannehmlichkeiten: Keiner will ihn haben. Die Regeln, nach denen mit solchen Einschleichern verfahren wird, sind unerbittlich, weil kein Land ihnen die Einreise gestattet. Somit bleibt nur die Rückführung des blinden Passagiers in sein Heimatland. Was aber, wenn er keinen Paß hat oder seine Staatsangehörigkeit verschweigt? Dann bleibt er so lange an Bord, bis es der Reederei gelingt, die Identität des Mannes festzustellen und einen Paß zu besorgen. So war 1983 die Reederei des in Hamburg registrierten Kreuzfahrtschiffes *Astor* gezwungen, einen in Hamburg eingestiegenen »Blinden« drei Monate lang unentgeltlich über die Meere zu schippern und zu verpflegen.

Die rund 15000 Schiffe, die jährlich den Hamburger Hafen anlaufen, melden pro Jahr zwischen 60 und 70 Passagiere, die keine Passage bezahlt haben. Für die Dauer der Liegezeit wanderten die »Blinden« früher ins Untersuchungsgefängnis, um eine Flucht von Bord zu verhindern. Aber heute hat sich vieles geändert. Das Wort »Asyl« erspart auch den »Blinden« viele Unannehmlichkeiten.

Unter normalen Umständen muß ein blinder Passagier, gibt er sich unterwegs zu erkennen, seine Passage abarbeiten. In den meisten Fällen klappt diese Regelung ganz gut. Aber was muß im Kapitän des Viehtransporters *Orient Clipper* vorgegangen sein, der im Juni 1982 drei hilflose »Blinde« einfach in Küstennähe aussetzte? Nur ein gütiges Schicksal ersparte ihnen ein grausames Ende.

Nicht weit von der *Tamara* der Deutsch-Ostafrika-Linie entfernt hatte auf der Reede von Mogadischu der unter panamaischer Flagge fahrende Frachter *Aliki* geankert. Die in den Tropen nur kurze Dämmerung wich schon der Nacht, als der wachhabende Offizier der *Tamara* zwei im Wasser auf Fässern ausgestreckte, sich bewegende Bündel ausmachte. Über Sprechfunk alarmierte er seinen Kollegen auf der *Aliki*. Dessen Bootsbesatzung gelang es schließlich, die völlig erschöpften Männer aus ihrer lebensgefährlichen Lage zu retten. Sie konnten zunächst keine Auskunft geben und wollten es auch nicht, aber auf ihren umgebundenen, veralteten Rettungswesten war der Schiffsname mit frischer schwarzer Farbe überpinselt worden. Durch Abwaschen kam er zum Vorschein: *Orient Clipper!*

Die beiden Geretteten berichteten später, daß sie sich im Hafen von Mombasa an Bord des Viehtransporters versteckt hatten. Auf hoher See seien sie durch Zufall entdeckt worden. Der Kapitän hatte sie vorführen lassen und einen Befehl gegeben, den sie nicht verstanden. An Deck hatte man jedem eine Rettungsweste umgebunden und sie zusammen mit ein paar leeren Fässern über Bord geworden. An eine Rettung hatten sie nicht mehr geglaubt.

Die *Orient Clipper* verkehrte auf der Strecke zwischen dem Persischen Golf und Mombasa. Dem Kapitän des für die Kingfisher's Shipping Line fahrenden Viehtransporters wäre es ein leichtes gewesen, die aus Daressalam stammenden »Blinden«

auf der nächsten Reise in Tansania an Land zu setzen. Kapitän Raimond L. zog es jedoch vor, sie den Haien vorzuwerfen. Aber auch der dritte »Blinde« hatte das Glück auf seiner Seite: Er konnte den Küstensaum erreichen und war erschöpft am Strand zusammengebrochen.

# Todesurteil beim Bier

Mit einem Paukenschlag begann am 1. November 1974 ein Mordprozeß vor dem Bremer Schwurgericht. Der Staatsanwalt erhob sich von seinem Sitz und sagte: »Ich beantrage, den Kapitän des Frachters *Margitta*, Volker A., wegen des dringenden Tatverdachts der Mitwisserschaft und Begünstigung nicht zu vereidigen.« Im ehrwürdigen Schwurgerichtssaal des Bremer Landgerichts herrschte verblüfftes Schweigen. Der bärtige, 38jährige Kapitän wagte kaum zu atmen, als der Verteidiger des 43jährigen, wegen Mordes angeklagten Ersten Offiziers, Klaus Henning H. beantragte, den Kapitän doch zu vereidigen, weil das Strafverfahren gegen ihn bereits niedergeschlagen worden sei. Nach langer Beratung entschied das Gericht: »Volker A. wird vereidigt. Es besteht kein Verdacht der Tatbeteiligung oder der Begünstigung.« Der zuvor schwer belastete Kapitän war mit diesem Beschluß gerettet, ging es doch um die Tötung eines blinden Passagiers auf See.

Kapitän A. hatte schon einmal in seiner Laufbahn Schlagzeilen gemacht, denn er war 1957 einer der sechs Überlebenden beim Untergang des Segelschulschiffs *Pamir* gewesen. Seit dem Kentern der Viermastbark im Atlantik waren siebzehn Jahre vergangen, aus dem Schiffsjungen von damals war ein Kapitän geworden. Damit trat er in die Fußstapfen seines Vaters, der als Bremer Hafenkapitän zu den Leuten zählte, die im Blickpunkt des öffentlichen Lebens standen.

Mit der Entscheidung des Bremer Schwurgerichts schied Kapitän A. aus dem Kreis der Beschuldigten aus. Auf der Anklagebank sitzen blieben sein Erster Offizier, der 33jährige Bootsmann Volkhard E., und der 43jährige Schiffszimmermann Karl-Heinz A. Der Richter verlas das in den Akten festgehaltene Protokoll der Vernehmung des Ersten Offiziers: »Wer nun den ersten Anstoß gegeben hat, den Mann über Bord gehen zu lassen, vermag ich nicht zu sagen. Auf jeden Fall war der Kapitän zugegen und hatte sich nicht gegen einen solchen

Plan geäußert. Er war auch noch zugegen, als ich sagte: ›Jetzt trinken wir unser Bier aus und gehen nach vorn und werfen den ›Blinden‹ über Bord! Ich bin sicher, daß der Kapitän bei dieser Äußerung noch im Raum war und das gehört hat.«

Der »Blinde«, dessen Tod beim Bier beschlossen wurde, hatte auf dem 10000 BRT großen Frachter *Margitta* keinen Namen. Das Schiff befand sich drei Tagesreisen vom jemenitischen Hafen Hodeidah entfernt. Das Rote Meer war an diesem Tag zwar spiegelglatt, aber die Küste zu weit entfernt, als daß jemand schwimmend hätte an einen Strand gelangen können. Und nirgendwo tummeln sich mehr Haie als in diesen Gewässern.

Der blinde Passagier, ein Neger aus Somali, hatte sich im letzten Hafen an Bord geschlichen und gut versteckt. Hunger trieb ihn aus seinem Verließ. Er hatte ein weißes, zerschlissenes Hemd an und eine graue Hose, keine Papiere, kein Geld. Er konnte auch nicht mehr sagen als diese drei Sätze: »Me poor man« – ich armer Mann – »me want money« – ich möchte Geld – und »me somali-man« – ich bin ein Mann aus Somalia. Wie es seiner Natur entsprach, lächelte er verbindlich und zeigte ein kindliches Gemüt.

In der Kammer des Ersten Offiziers kam es nach der Entdekkung des »Blinden« an Bord zu einem Gespräch mit dem Kapitän. Im Verlauf der Unterhaltung, so der Kapitän, habe H. den Vorschlag geäußert, den Mann über Bord zu werfen. Darauf habe er erwidert: »Macht keinen Scheiß oder so was...« Das war am Mittag. Kapitän A. bestätigte, daß er kurz vor der Tat, so gegen 20.10 Uhr, noch einmal in der Kammer des Ersten gewesen sei, wo H., E. und A. friedlich bei Bier und Wodka saßen: »Ich war nur ganz kurz in der Kammer, höchstens zwei Minuten. Dann bin ich auf die Brücke zurückgegangen.« Der Kapitän bestritt, von einem Mordplan gewußt oder ihn sogar gebilligt zu haben.

Fest stand, daß kurz nach dem Besuch des Kapitäns in der Kammer des fünf Jahre älteren Ersten die drei Kumpane den Mann aus Somalia mit Eisenstangen, Stauhölzern und Fäusten zusammenschlugen und ihn tot oder zumindest bewußtlos über Bord warfen.

Der Bootsmann E. belastete den Kapitän mit seiner Aussage, er sei nach der Tat mit den beiden Kumpels zurück in die Kammer des Ersten gegangen. Neben anderen Besatzungsmitgliedern habe sich auch der Kapitän dort aufgehalten. Er habe gehört, wie der Kapitän sagte: »Hoffentlich habt ihr ihn weit genug weggeworfen, damit kein Blut außenbords gekommen ist.«

Dieser belastenden Aussage stand das am 19. März verfaßte Geständnis des Bootsmanns gegenüber, in dem er erklärte: »Wir wollten der Reederei und dem Kapitän Ärger ersparen. Der Erste schlug zu, dann lag er da, dann flog er weg ...«

Drei Tage zuvor hatte der Schiffszimmermann A. der mitfahrenden Frau des Kapitäns ein ähnlich lautendes Geständnis an Bord in die Maschine diktiert. »Er hatte Angst. Einmal bei der Tat, daß ihn H. und E. als Zeugen gleich mit umbringen würden; dann nach seinem Geständnis, daß die beiden davon erfahren konnten«, sagte die Funkerin Eva A., Ehefrau des Kapitäns. Mit dieser Aussage brachte sie ihren Mann aus der Schußlinie des Staatsanwalts.

Alle vier Männer, die immer noch Angeklagten und der Kapitän, hatten Glück, daß es nicht zu einem Prozeß im Jemen gekommen war, denn nach dem Gesetz des Islam hätte es geheißen: Leben für Leben, Auge um Auge! Ihr Leben verdankten sie dem deutschen Botschafter in Sana. Seinem diplomatischen Geschick gelang es, die jemenitischen Behörden zu täuschen. Das Leben der beschuldigten Leute von der *Margitta* hing buchstäblich an einem seidenen Faden, doch sie wurden ohne Prozeß der deutschen Justiz überlassen.

Was aber brachte den Ersten Offizier dazu, seinen Kapitän zu belasten, was den Bootsmann, diese Beschuldigungen nicht zu entkräften, sondern sie noch zu vermehren? Die beiden nahmen für sich in Anspruch, die Wahrheit zu sagen. Sie brauchten keine Motive. Kapitän A. sah das so im Zeugenstand: »Ich habe lange über ihr Motiv nachgedacht. Es gab keine Veranlassung, den ›Blinden‹ über Bord zu werfen, denn in drei Tagen wären wir ihn leicht losgeworden. Nein, da ist was anderes. Es hängt auch mit mir zusammen. Sehen Sie, ich bin fünf Jahre jünger als der Erste Offizier und schon Kapitän. Der Erste war das auch einmal, noch vor kurzem. Er hat eine der sensationellsten Karrieren hinter sich und fünf Jahre lang eigene Schiffe geführt. Dann ist er wegen Einsparungen beim Norddeutschen Lloyd entlassen worden. Jetzt war er bei mir Erster, das ist ein Unterschied. Er mußte meine Befehle ausführen, und das hat er bedingungslos getan. Als Seemann war er Spitzenklasse. Aber er war hart, besonders zur farbigen Mannschaft. Rassist war er nicht, nur unbeugsam. Wenn ich ganz ehrlich bin, hat eigentlich er das Schiff geführt, ich war zu diesem Zeitpunkt krank. Ich will keinen Verdacht äußern, aber vielleicht wollte er durch seine Handlung der Reederei zusätzliche Scherereien ersparen, wollte sich hinstellen als Mann der Tat, der schnelle Lösungen parat hat. Eines ist sicher: Er wollte wieder ein eigenes Schiff haben.«

Während der Kapitän seine Aussage machte, saß der Erste Offizier kerzengerade in der Anklagebank und hörte sich scheinbar gefaßt alle Anschuldigungen an.

Der medizinische Gutachter aus Bremerhaven hielt den Ersten für einen tüchtigen Seemann, aber vom Charakter her für ungeheuer ehrgeizig und geltungsbedürftig. Das gleiche galt für den Bootsmann. Beide waren voll zurechnungsfähig, aber nicht so der Zimmermann, der sei wegen Trunkenheit nur vermindert zurechnungsfähig gewesen.

Fragen aber bleiben. Warum legte der Kapitän, als er von der Tat erfuhr, nicht das Schiff auf Gegenkurs, um nach dem Opfer zu suchen? Er setzte keine Funkmeldung an andere Schiffe ab, und er unterließ es auch, bei der Einklarierung im Hafen von Hodeidah die Behörden zu informieren. Ob Kapitän A. vor dem Schwurgericht in Bremen wirklich die Wahrheit gesagt hat, wissen nur vier Mann, er und die drei Zeugen jenes belastenden Gesprächs in der Kammer. Sie aber saßen als Angeklagte im Saal, und niemand konnte ihnen den Eid abfordern.

# Mord nach der Maibowle

Kriminalkommissar Herbert Henschel schwitzte, und das war ihm unangenehm. Denn das Verhör fand nicht auf seiner Dienststelle statt, der Mordkommission Bremen, sondern auf dem Frachter *Christel Vinnen*. Das Schiff lag seit dem Vortag im Hafen von Abidjan an der Elfenbeinküste, und das Thermometer zeigte, obwohl der Abend nahe war, fast fünfzig Grad im Schatten. Den eingeborenen Arbeitern schien die Hitze nicht viel auszumachen, sie schnatterten miteinander wie die Fischweiber in Vegesack.

So wie Henschel ging es auch seinem jüngeren Kollegen, den er mit auf die Reise genommen hatte, damit er etwas von der großen Welt zu sehen bekäme. Als er am Tag zuvor, die *Christel Vinnen* hatte gerade an der Pier festgemacht, den nicht mehr ganz jungen Frachter betreten hatte, glaubte er nicht an einen Mord, eher an einen jener Unglücksfälle, die im Suff mit Totschlag enden. Der 46jährige Kommissar war kein Anfänger und galt bei seinen Vorgesetzten als Mann mit Durchsetzungsvermögen und einem Blick für das Wesentliche. Jetzt allerdings war sein Hemd klitschnaß, und er fühlte sich verschmutzt. In der Offiziersmesse war es stickig, es roch nach stehengebliebenem Essen.

Die Bremer Beamten waren nicht freiwillig nach Abidjan gereist, der Kapitän hatte sie über Norddeich Radio angefordert. Obwohl das Gespräch nicht lange währte, der Kapitän auch nicht in die Welt posaunen wollte, was an Bord seines Schiffes im einzelnen passiert war, so lautete doch sein Vorwurf auf Mord, begangen am Dritten Ingenieur. Wenn es wirklich Mord war, mußten sich der oder die Mörder noch auf der *Christel Vinnen* befinden, und das erleichterte den Polizeibeamten die Arbeit. Als sich Henschel mit seinem Begleiter an Bord meldete, zeigte er seinen Dienstausweis. Der Kapitän, seit gut einem Jahr auf dem 4200 BRT großen Frachter, fragte irritiert: »Gilt der Ausweis auch hier?«

Der Kommissar stutzte. Das war eine gute Frage, auf die er keine Antwort wußte, denn er war sich der Sache nicht sicher. So zuckte er nur die Achseln und gab zu bedenken, daß die Tat auf einem deutschen Schiff geschehen sei und er die Untersuchung nicht an Land, sondern nur auf der *Christel Vinnen* zu führen gedenke. Als der Kapitän die beiden Bremer zum Bierchen einlud, sagten sie nicht nein, denn ihr Durst war groß und das Bier gekühlt.

Dann aber wollte Henschel vom Kapitän mehr hören und bat ihn, bei der Ausreise zu beginnen.

Zunächst orderte der Alte noch eine Runde beim Steward, die dankend begrüßt wurde. Als das Bier im Glas schäumte und der Steward die Tür hinter sich geschlossen hatte, erzählte der Kapitän, wie alles begonnen hatte: »Wir haben Bremen am 28. Februar verlassen. Ein bißchen Scholleneis trieb bei Brake. Ich erinnere mich noch an das Gespräch mit dem Weserlotsen, der ohne ersichtlichen Anlaß zu mir sagte: ›Wenn man mitbekommt, wieviel Gewalt an Land ausgeübt wird, Kollege, dann lebt ihr auf einem Schiff wie im Paradies.‹ Komisch, nicht? Die 28köpfige Crew war nicht anders zusammengesetzt als sonst auch. Die meisten kenne ich länger, ein paar neue Gesichter waren hinzugekommen, das ist kein Nachteil. Niemand hat sich besonders auffällig benommen. Krach und Streit gibt es immer mal, besonders in den Tropen – die Hitze, wissen Sie? Nicht jeder kann das ab. Tropenkoller, sagen wir dann, und damit hat es sich.«

Von keinem seiner Leute wußte der Kapitän mehr, als er unbedingt wissen mußte. Und hätte ihn jemand darauf aufmerksam gemacht, daß der in Bremen angemusterte achtzehnjährige Messejunge in einem Bremer Hochhausviertel aufgewachsen und als Fünfzehnjähriger zum ersten Mal mit der Polizei in Berührung gekommen war, weil er Schecks gefälscht hatte, er hätte den Denunzianten nur komisch angesehen. Für ihn wäre das eine Jugendsünde gewesen, und so ähnlich hätte er auch die Sache mit dem aufgebrochenen Automaten betrachtet. Gegen den Messejungen Michael M. lief noch ein

Verfahren, stand er doch in Verdacht, einen Raubüberfall begangen zu haben. Aber ein Verdacht war keine Verurteilung, und der neue Messejunge war sicher nicht der einzige an Bord der *Christel Vinnen*, der irgendwann einmal mit der Polizei zu tun gehabt hatte. Das interessierte weder den Kapitän noch seine Offiziere. Hauptsache, die Leute auf dem Schiff benahmen sich anständig, taten ihre Arbeit und kamen nicht mit Forderungen zur Schiffsleitung, die nicht zu erfüllen waren. Das Essen auf der *Christel Vinnen* war ausgezeichnet, denn der Smutje verstand sein Handwerk.

Die Tage und Nächte auf See verliefen im Einklang der Wachen. Wer Tagesdienst ging, und zu ihnen gehörte der Messejunge, hatte abends Zeit, an Deck zu sitzen und ein paar eisgekühlte Bierchen zu trinken. Für ihn war alles neu an Bord, fremd und ungewöhnlich. Was ihm überhaupt nicht gefiel, war die Art, wie die Offiziere mit ihm umgingen: kaum ein freundliches Wort, dafür kurze Anordnungen, die umgehend ausgeführt werden mußten. Zu Hause hätte er sich lautstark gegen diese Umgangsformen gewehrt, hier aber mußte er kuschen. Und das fiel ihm von Tag zu Tag schwerer.

Schnell hatte sich M. mit seinem Kammergenossen angefreundet, dem aus Süddeutschland stammenden Reinhard H., einem netten, an Bord beliebten Kerl, der Spaß verstand.

Kapitän Heiko K. kam jetzt zu den entscheidenden Tagen: »Eines Tages sprach mich der Dritte Ingenieur Manfred Sch. nach dem Essen an. Er machte ebenfalls die erste Reise mit uns, hatte zuvor die Ingenieurschule besucht. Nach Aussagen vom Chief, seinem unmittelbaren Vorgesetzten, verstand er seinen Job. In der Messe fiel er eher durch Rechthaberei auf, war etwas zu großspurig für meinen Geschmack. Jedenfalls paßte er mich ab und beschwerte sich über den Messejungen. Es ging um verschiedene Dinge, wohl auch um die frechen Antworten, die er bekommen hatte. Mir war das Ganze eher peinlich. Ein Offizier, der sich gegenüber den Leuten nicht durchsetzen kann, hat keine Autorität, und ich bin doch nicht dafür da, sie ihm zu verschaffen. Was aber blieb mir in diesem

Fall anderes übrig, als den Messejungen zu mir kommen zu lassen? Ich machte ihm klar, daß Lehrjahre keine Herrenjahre sind und daß hier jeder seine Arbeit zu machen hätte. M. tat mir nach dieser Standpauke fast wieder leid. Ich ging davon aus, daß eine weitere Unterhaltung nicht notwendig sein würde, denn er wollte weiter zur See fahren.

Wir waren nun 46 Tage unterwegs und befanden uns 200 Seemeilen von der afrikanischen Küste entfernt. An Bord war alles in Ordnung. Wir hatten tropisches Wetter, einen blauen Himmel über uns, eine blaue See unter uns. So stellt man sich eine friedliche Welt vor.

Es muß kurz nach Mitternacht gewesen sein, als ich vom Ersten Ingenieur geweckt wurde. Er konnte den Dritten Ingenieur nicht finden, der ihn hätte ablösen sollen. In seiner Kammer war er nicht, die Tür aber stand offen, und vor der Koje entdeckte er eine Blutlache und blutige Schleifspuren über den Betriebsgang bis hin zur Reling.

Ich sprang natürlich nichts wie raus aus der Koje und auf die Brücke. Die gesamte Crew wurde hochgescheucht, das Schiff schnell abgesucht, und als wir Sch. nicht fanden, machten wir kehrt und liefen zwei Stunden lang auf Gegenkurs zurück. Ich hatte die Leute überall verteilt, der Scheinwerfer suchte die See ab, doch so sehr sich die Männer die Augen aus dem Gesicht starrten, nichts war zu finden. Da sind ja noch die Haie, wissen Sie ...

Ich hatte auch nicht geglaubt, ihn zu finden, lebend, meine ich. Dazu war die Chance viel zu gering. Aber nach ihm suchen mußte ich schon. Wir haben natürlich auch die Schiffe in unserer Nähe benachrichtigt – vergeblich. Also machten wir erneut kehrt und setzten unsere Reise fort. Ich benachrichtigte meine Reederei und Sie, meine Herren. Fragen Sie mich nicht, wer der Mörder ist, ich habe keine Ahnung.«

»Sie erwähnten vorhin den Messejungen, wie hieß er noch?«

»Michael M. Ich habe ihn nur erwähnt, weil das der einzige nennenswerte Zwischenfall auf dieser Reise war. Das bedeutet überhaupt nicht, daß ich den Jungen mit dem Mord in Zusammenhang bringen will.«

Die beiden erfahrenen Kriminalbeamten nickten, aber Henschel mochte immer noch nicht an Mord glauben. Sie sprachen an diesem ersten Abend in der Kapitänskajüte der *Christel Vinnen* nicht mehr über den Fall, sie tauschten vielmehr Erinnerungen an Bremen aus und entdeckten im Verlauf des Abends etliche Gemeinsamkeiten. Der Einfachheit halber übernachteten sie gleich auf der *Christel Vinnen.*

Mit den Verhören begann Herbert Henschel nach dem Frühstück in der Offiziersmesse. Die nautischen Offiziere konnten kaum Verwertbares beisteuern. Selbst über den Vermißten wußten sie wenig zu sagen. Streit hatte keiner mit ihm gehabt. Zunächst konnte sich der Kommissar keinen Reim auf diese Aussagen machen, erst als ihn der Kapitän über das Verhältnis zwischen den nautischen und den technischen Offizieren aufklärte, begriff er den Unterschied. Fündig wurde er erst, als er das Maschinenpersonal befragte. Die Kollegen des Dritten Ingenieurs hielten sich zwar noch zurück, anders jedoch die Leute seiner Wache. Sie schilderten ihn als einen Vorgesetzten, der keinem Streit aus dem Weg ging. »Er konnte einfach nicht verlieren, selbst beim Skat nicht«, behauptete ein Assistent. Handgreiflichkeiten aber hatte es nicht gegeben, zu keiner Zeit.

Es war nicht eben viel, was die beiden Bremer Kriminalisten bislang herausgefunden hatten. Sie kannten jetzt zwar den Vermißten besser, aber noch keinen Verdächtigen. Immer noch war alles möglich: Totschlag oder Mord.

Auf der *Christel Vinnen* gingen die Ladungsarbeiten zügig weiter. Da ratterten die Winden an Deck, schnatterten die Hafenarbeiter wild durcheinander, und ihnen schien die Hitze überhaupt nichts auszumachen, unter der Herbert Henschel und sein Begleiter zu leiden hatten. Am frühen Nachmittag beschlossen sie, die Arbeit für diesen Tag einzustellen. Sie waren fix und fertig und sehnten sich nach einem erfrischenden Bad im Atlantik.

Die Nacht verbrachten sie wieder an Bord. Sie waren im Schiffshospital untergebracht, und der Messejunge Michael M. hatte ihre Kammer aufgeräumt, die Kojen gemacht und bediente sie nun am Messetisch, ohne ihnen besonders aufzufallen. Nach dem Frühstück setzten sie die Verhöre fort, aber die Matrosen, Leichtmatrosen und das gesamte Deckspersonal lieferten keine konkreten Hinweise. Einige waren auf Wache gewesen, als Manfred Sch. verschwand, gesehen aber hatten sie nichts. Der Rudergänger war auf der Brücke gewesen, der Ausguck auf der Back, der Flötentörn in der Brükkennock zusammen mit dem Ersten Offizier. Obwohl das Schiff fast zwei Monate lang unterwegs gewesen war, hatten sie mit dem Dritten Ingenieur so gut wie keinen Kontakt gehabt. Es gab nichts, was den Kommissar weitergebracht hätte, keinen Hinweis, keine Verdächtigungen.

So konzentrierte sich die Untersuchung bald auf das Bedienungspersonal des Schiffes. Herbert Henschel fiel der Streit ein, den Manfred Sch. mit dem Messejungen gehabt hatte. Der wollte zunächst nichts davon wissen, das wäre kein Streit, höchstens eine Meinungsverschiedenheit gewesen. Er hätte die Kammer gefegt, die Koje gebaut, Staub gewischt und ein bißchen aufgeräumt. Michael M. fuchtelte mit den Händen, um zu verdeutlichen, was er meinte. Als er, so erzählte er weiter, dann in der Nachbarkammer gewesen sei, wäre der Dritte Ingenieur zu ihm gekommen, hätte ihn am Arm gepackt und in seine Kammer gezogen. Dort hätte er die Bettdecke aufgeschlagen und auf das nicht glattgestrichene Laken gezeigt. »Außerdem hatte ich eine leere Bierdose übersehen, aber das war keine Absicht. Ich nahm an, er wollte sie behalten, als Vase oder so. Das war alles.«

Deshalb bringt man doch keinen Menschen um, dachte Herbert Henschel und entließ den Achtzehnjährigen, der so unscheinbar aussah, daß er ganz zu fragen vergaß, ob er schon mal mit der Polizei in Konflikt geraten war. Der Smutje wurde als nächster in die Messe gebeten. Er vermißte seit dem Verschwinden des Dritten Ingenieurs den schweren Fleischhammer, mit dem er zuvor die Steaks und Karbonaden bearbeitet hatte. Das aber wußte der Kommissar schon. Der Koch hatte nie Streit mit Sch. gehabt.

»Wer denn sonst?« fragte Henschel und musterte den kräftigen Koch, der eine blütensaubere Schürze umgebunden hatte und unter ihr seine Hände versteckte.

»Da müssen Sie die Stewards fragen«, war alles, was aus ihm herauszubringen war.

Das war der erste Ansatz einer Spur. Typisch für Henschel, daß er sofort die Verhörliste umstieß und Reinhard H. hereinrief, einen schmächtigen jungen Brillenträger. Der Kommissar ließ sich Zeit und blätterte umständlich in den Akten, als ob er etwas ganz Bestimmtes suche. »Haben Sie Manfred Sch. gehaßt?« fragte er schließlich.

»Nein!«

»Mochten Sie ihn leiden?«

»Das auch nicht gerade.«

»Warum haben Sie ihn dann umgebracht?«

»Ich? Ich war es nicht, nicht ich!«

»Wer dann, wenn nicht Sie?«

Steward H. rutschte nervös auf dem Stuhl herum, das Licht der Lampe spiegelte sich in seinen Brillengläsern. Die Pause wurde zur Qual, der Kommissar mußte sich die Schweißtropfen von der Stirn wischen. Sein Mitarbeiter hörte aufmerksam zu, rührte sich aber nicht. Auch er spürte, daß sich hier etwas anbahnte. Dann steckte der Kommissar das Taschentuch zurück in die Hose, die Jacke hatte er gar nicht erst angezogen.

»Nun? Ich höre!«

Und der aus Calw stammende Steward begann zu reden, erzählte von jenem Abend am 46. Tag der Reise: »Michael hatte eine Maibowle gemacht aus Sekt, Wein und Rum. Das reine Gift. Wir haben an Deck gesessen und davon getrunken, später sind wir dann in unsere Kammer gegangen und haben dort weitergefeiert. Wir haben einen Haufen Quatsch zusammengeredet. Irgendwann kamen wir auf die Offiziere zu sprechen, und Michael erzählte von dem Anpfiff, den er vom Alten bekommen hatte, wegen dem Dritten Ingenieur. Dabei bekam er einen richtigen Wutanfall; als er vorschlug, dem Dritten eine Abreibung zu verpassen, hielt ich das für einen Scherz.

Ich habe mir auch nichts dabei gedacht, als Michael aus der Kombüse den Hammer holte, weil er dabei lachte und was von Notfall faselte. Wir sind dann durch den Betriebsgang getorkelt und in die Kammer des Dritten Ingenieurs gestürmt. Der muß von unserem Gepolter aufgewacht sein, denn er saß aufrecht in seiner Koje, als wir eintraten. Das Licht brannte, fällt mir jetzt ein. Michael, der vor mir hergerannt war, stand vor der Koje und hob den Hammer. Das habe ich noch gesehen, dann bin ich rausgelaufen. Das kann ich nicht mit ansehen, habe ich noch gerufen. Aber gehört hat mich Michael wohl nicht.«

Der Steward schwieg; er hatte den Kopf gesenkt und blickte auf seine gefalteten Hände nieder. Der Kommissar forderte ihn auf, auch den Rest zu erzählen.

»Nach ein paar Minuten kam Michael in meine Kammer, er sah furchtbar aus. Sein Hemd war blutig, auch seine Hände und das Gesicht. Er hielt den Hammer noch in der Hand, und ich dachte, er wollte sich nun auf mich stürzen. ›Komm und hilf mir, daß wir ihn über Bord kriegen‹, drängte er. ›Wenn das der Alte erfährt, ist alles aus!‹ – ›Ist er denn tot?‹ fragte ich, aber Michael antwortete nicht, er ging zurück, und ich folgte ihm. Dann haben wir – dann haben wir den Dritten genommen, tragen konnten wir ihn nicht, wir waren viel zu schwach dazu und außerdem betrunken. So haben wir ihn bis an die Reling geschleift und ihn über Bord geworfen. Anschließend haben wir unsere Klamotten über Bord geworfen, die waren voller Blut, und auch den Hammer. Dann haben wir geduscht. Als wir noch dabei waren, uns abzutrocknen, war Wachwechsel, und gleich darauf wurden wir an Deck geholt. Das Schiff hat dann umgedreht und ist zurückgelaufen. Michael war plötzlich ganz nüchtern. Er hatte eine Heidenangst, daß der Dritte noch lebte und gefunden wurde.«

»War er denn nicht tot, als ihr ihn über Bord geworfen habt?«

»Das weiß ich nicht. Michael hat gesagt, der ist hinüber.«

Ob der Dritte Ingenieur, als er den Haien vorgeworfen wurde, wirklich tot gewesen war oder nicht, spielte eine untergeordnete Rolle bei den weiteren Untersuchungen. Als der achtzehnjährige Messejunge Michael mit der Aussage seines Komplizen konfrontiert wurde, gab er zu, auf Sch. so lange mit dem Hammer eingeschlagen zu haben, bis er sich nicht mehr rührte.

»Und warum?«

Michael M. zuckte mit den Achseln, und der Kommissar glaubte ihm, daß er den Grund jetzt nicht mehr verstand.

# Unfall oder Selbstversenkung?

Aus einleuchtenden Gründen weiche ich im folgenden von der bisherigen Praxis ab, verändere die Namen der Betroffenen und der Schiffe und erkläre, daß Übereinstimmungen mit noch lebenden Personen nicht beabsichtigt sind. Aber ich erinnere mich noch gut an meine Zeit als Matrose auf dem Motorsegler *Mara-Lisa*, an den als Kapitän fahrenden Eigentümer Hans Sartes. Sein gleichnamiger Sohn hauste mit mir und einem aus Cuxhaven stammenden Schiffsjungen im Logis gleich hinter dem Ankerspill. »Wohnen« wäre nicht der passende Ausdruck, aber 1948 kümmerte uns das herzlich wenig. Wer ein Schiff hatte, war froh, auch wenn es nur ein Klütenewer war.

Warum ich mich so gut an den Sohn des Kapitäns erinnere? Er erschien mir damals so hilflos und dem Alten wohl auch, denn er ließ ihn nicht an Land gehen, ohne ihm vorher eingehend die möglichen Gefahren zu verklaren. Sohn Hans war dem Alter nach kein Kind mehr, denn er war fristgerecht aus der Schule entlassen worden, und wir feierten an Bord seinen siebzehnten Geburtstag mit Schweinebraten und Klüten.

Wurde Hans vom Vater an Land entlassen, erhielt er ganz präzise Instruktionen, etwa so: »Wenn du am Anleger angekommen bist, überzeuge dich, daß die Fähre auch nach Blankenese fährt. Halte dein Geld bereit, der Fahrpreis kostet so und so viel, nicht mehr. Und denk daran, daß du auch für die Heimreise noch Geld brauchst. Wenn du drüben in Blankenese aussteigst, dann gehst du zum S-Bahnhof und fährst Richtung Stadt. Am Hauptbahnhof steigst du aus...«

Na gut, der Vater machte sich um seinen Sohn Sorgen, das konnte man noch verstehen. Nicht begreifen konnte ich, daß Hans noch wenigstens zweimal mit der Problematik vertraut gemacht wurde, bevor er endlich von Bord gehen durfte. Ging er, stand Vater Hans an der Schanz und blickte ihm sorgenvoll nach. Er beruhigte sich erst wieder, wenn der Sohnemann zurück war und sich bei ihm meldete.

Was, so dachte ich damals, soll aus diesem armen Jungen werden? Ein Mann niemals! Aber nach meiner Abmusterung streifte ich auch die Erinnerung an diesen Klütenewer und an den Skipper mitsamt seinem hilflosen Sohn ab.

Im Januar 1982 wurde alles wieder lebendig, als ein Hamburger Reeder vor dem Strafrichter stand: Hans Sartes junior sollte versucht haben, seine *Tina-Leda* zu versenken. Staunend schüttelte ich den Kopf. Der Vorfall war schon vier Jahre her; als er an der Küste bekannt wurde, sorgte er für reichlich Gesprächsstoff, denn Hans Sartes mußte sich vor der Großen Strafkammer des Hamburger Landgerichts verantworten. Die Anklage warf ihm vor, als Eigner des Schiffs während einer Reise zur Elfenbeinküste versucht zu haben, die Ballasttanks zu fluten und ein 90 Quadratzentimeter großes Loch mit einem Schneidbrenner in die Bordwand zu brennen. Gründe, das Schiff loszuwerden, gab es schon; obwohl die Reederei drei Schiffe laufen hatte, rissen die Sorgen nicht ab. Die Gesamtbelastung betrug 24 Millionen Mark, das letzte Jahresergebnis lag weit im Minus, und die *Tina-Leda* war hoch versichert.

Sohn Hans hatte längst den Vater an der Reedereispitze abgelöst, er war nun der Boß und für alles verantwortlich. Er fuhr nicht wie damals sein Vater als Kapitän, sondern reiste die meiste Zeit ständig zwischen seinen Schiffen als »Kofferträger« für Ersatzteile hin und her. So flog er im Oktober 1978 auch nach Las Palmas, um mit der *Tina-Leda* nach Lagos weiter zu fahren.

Das Schiff hatte geringfügige Schlagseite, als er auf der Reede an Bord ging. Er ließ es sich nicht nehmen und kontrollierte die Tanks, wobei er in der Vorpiek zwei Leckagen feststellte. Kaum aber war das Schiff unterwegs, nahm die Schlagseite ständig zu. Sie betrug schließlich fünfzehn Grad. Der Kapitän wollte einen der Ballasttanks lenzen, um das Schiff aufzurichten. Sartes widersprach. Doch der Kapitän fuhr ihm über den Mund: »Ich bin der Kapitän, Sie sind nur Gast!«

Natürlich hatte der Kapitän recht mit dieser Feststellung, denn ob Reeder oder nicht, verantwortlich für das Schiff ist immer der Kapitän.

In diesem Fall war er selbstbewußt genug und gab das Schiff nicht einfach auf, sondern ließ den Tank lenzen, so daß die Kentergefahr bald behoben war. Bei der Überprüfung des Schiffes durch den Ersten Offizier, dem sich unaufgefordert auch Hans Sartes anschloß, der sich zuvor gegen das Auspumpen des Ballasttanks ausgesprochen hatte, entdeckten sie drei defekte Lüftungsrohre. Aus ihren Öffnungen schoß das Wasser nur so heraus. Außerdem fanden sie ein Loch in der Bordwand, etwa 1,5 Meter über der Wasserlinie. Hätte der Kapitän den Ballasttank nicht auspumpen lassen, wäre dieses Loch bald unter der Wasseroberfläche verschwunden und damit auch die *Tina-Leda*.

Für den Kapitän gab es nur einen Schuldigen: den Reeder. Nur er konnte seiner Meinung nach die Lüftungsrohre abgerissen und das Loch mit einem Schneidbrenner in die Bordwand gebrannt haben. Der Alte schwor, ihn dafür vor Gericht zu bringen. Bis zum nächsten Hafen sprachen die beiden so ungleichen Männer kein Wort mehr miteinander. Das und die Drohung konnten nur bedeuten, daß der Kapitän an eine Weiterbeschäftigung bei dieser Reederei nicht dachte.

Vor Gericht in Hamburg vermochte sich der Reeder die Beschädigungen an seinem Schiff nicht zu erklären, gab aber unumwunden zu, daß einer das Schiff sabotiert haben mußte. Wer, darüber konnte er keine Auskunft geben. Den Vorwurf, er selbst hätte das getan, wies er scharf zurück mit dem Hinweis auf die Tradition seiner alten Seefahrerfamilie, die mit ihren Leuten immer an einem Strang gezogen hatte, besonders in schlechten Zeiten.

Für mich kam das Urteil überraschend, doch das Landgericht hatte die Wahrheit nicht herausfinden können. So verließ der Angeklagte den Saal als unbescholtener Mann. Aber eingedenk meiner Erfahrungen als Matrose auf dem Motorsegler *Mara-Lisa* glaubte ich, daß sich folgendes abgespielt hatte: Vater Hans hatte seinem Sohn genau gesagt, was er zu tun hatte, jede Einzelheit, um die Firma zu sanieren. Sohn Hans hörte auch gut zu, vergaß aber ein paar Details auf der langen Flugreise nach Las Palmas. Auf seinem Schiff angekommen, konnte er schlecht über Funk bei Vater daheim nachfragen. Anders waren einige kleine, aber doch entscheidende Fehler nicht zu erklären. Sie aber reichten aus, daß es dem tüchtigen Kapitän gelang, die ungeliebte *Tina-Leda* in den Hafen zu bringen.

Schiffe wurden nicht nur im Seekrieg versenkt. Es gab viele Reeder, die sich nicht scheuten, ihre alten, unwirtschaftlichen Pötte selbst unter Wasser zu bringen, um wenigstens ein paar Mark von der Versicherung zu kassieren. Oder war es nur eine Kette von Zufällen, als eine ganze Reihe von in Pommern beheimateter Segelschiffe in Flammen aufging?

1886 war mit der *Glückauf* der erste richtige Tankdampfer auf der Ostsee unterwegs und verbreitete Angst und Schrecken unter den kleinen Küstenseglern, die davon lebten, Petroleumfässer von der Weser nach Stettin, Danzig oder Königsberg zu bringen. Durch die *Glückauf* sahen sie ihre Existenz bedroht.

In der Nacht zum 10. September 1886 brach auf dem Stralsunder Schoner *Caroline* ein Brand aus. Das 1868 erbaute Schiff war bei dem Neu-Vorpommerschen Schiffsversicherungsverein in Stralsund mit 14470 Mark versichert. Schiffer und Eigner war Hermann David Behn aus Breege auf Rügen. Die *Caroline* hatte im Kaiserhafen 945 Fässer Petroleum, bestimmt für Memel, eingenommen und war abends nur bis zur Reede gekommen. Ein kleines Beiboot war vorsorglich zu Wasser gebracht worden. Der Schiffer blieb in dieser Nacht sehr lange an Deck, weil, wie er später aussagte, in der Kajüte viel Hitze und Dunst war.

Nachts um ein Uhr bemerkte der Schiffsjunge Feuer in der Vorluke. Er stürzte kopfüber in das kleine Volkslogis, alarmierte die Mannschaft und weckte dann auch den Schiffer, der sich verdutzt die Augen rieb. Der Schoner brannte, die Crew wurde von dem in der Nähe liegenden Lotsenschoner *Nordsee* übernommen.

Das Seeamt in Stralsund war zwar nicht in der Lage, einen

Verdacht zu äußern, stimmte aber dem Reichskommissar zu, daß es höchst auffallend war, wenn innerhalb kurzer Frist drei Stralsunder Schiffe, die Galeasse *Minna*, die Brigg *Fortuna* und nun der Schoner *Caroline*, auf völlig ungeklärte Weise in Brand geraten waren. Zu beweisen war aber nichts. Natürlich munkelte man an der gelben Küste und wies auf das merkwürdige Zusammentreffen hin, daß die Schiffe immer gerade vor der Winterpause abbrannten.

Am 15. Oktober 1886 verließ die 1873 erbaute Galeasse *Hermine*, mit 430 Fässern Petroleum beladen, den Hafen an der Wesermündung, um nach Helsingborg zu versegeln. Bei stürmischem nördlichem Wind ankerte sie bei Nordjord unter der norwegischen Küste. Noch am selben Tag wurden die Luken von den Zollbeamten versiegelt, doch öffneten sie auf Ersuchen des Schiffers am nächsten Tag die beiden Luken im Schiffsdeck. Der Koch holte sich einen Sack Kartoffeln aus dem Laderaum. Danach wurden die Luken wieder verschlossen.

Nach dem Abendessen wurde das Feuer in der Kombüse vorsorglich gelöscht. Die Nacht verlief ruhig, aber morgens fiel dem Bestmann Schohl Brandgeruch auf. Bald loderten Flammen, und die *Hermine* brannte aus. Der Schiffer vermutete Selbstentzündung, nicht aber der Sachverständige.

So kam das Seeamt Stralsund zu folgendem Spruch: »Die seetüchtige Galeasse war zu 10440 Mark versichert. Bei den bekanntlich sehr ungünstigen Erwerbsverhältnissen läßt sich behaupten, daß dem Schiffer das Aufbrennen seines versicherten Schiffes nicht gerade unerwünscht gewesen sein wird. Die Beweise reichen aber nicht aus, um den bislang unbescholtenen Schiffer zu verurteilen.«

In den Hafenkneipen von Lübeck bis Memel jedoch flachsten die Schiffer noch jahrelang über diese merkwürdigen Zufälle. Sie stießen sich augenzwinkernd in die Seiten, wenn sie vom Verlust eines hölzernen Küstenschiffs hörten, und fragten vielsagend: »War das ein Stralsunder?«

Ging es bei den pommerschen Schiffern, wenn sie ihre kleinen hölzernen Segler freiwillig aufgaben und notfalls dabei nachhalfen, ums wirtschaftliche Überleben in schlechten Zeiten, so waren die Summen doch denkbar gering. Menschen kamen nicht ums Leben. Im Januar 1980 aber sorgte ein weitaus sensationellerer Fall für Schlagzeilen. Beim vorsätzlichen Versenken des Supertankers *Salem* ging es um nicht weniger als insgesamt 80 Millionen Dollar, Schiff und Ladung inbegriffen.

Im Oktober 1969 war für die schwedische Reederei Salenrederiera AB in Stockholm der mit 210550 Bruttoregistertonnen vermessene Supertanker *Sea Sovereign* vom Stapel gelaufen. Er war eines jener stählernen Wunderwerke, mit denen die Industrienationen ihren Öldurst stillen wollten. Nach zehn Jahren trennte sich die Reederei von dem inzwischen abgeschriebenen Schiff und verkaufte es an die Pimmerton Shipping-Gesellschaft in Hongkong. Die Route des Tankers blieb die gleiche, die notwendigen Reparaturen wurden ausgeführt, mehr nicht. Nach zwei Jahren belief sich die Reparatursumme auf über eine Million Dollar, entschieden zuviel für die Reederei. Sie suchte nach einem neuen Käufer für das Schiff und hatte Glück. Ein Schiffahrtsfremder kaufte es unbesehen und zahlte zwölf Millionen Dollar. Das war weit mehr, als jede Abwrackwerft bezahlt hätte, und so gab es nur zufriedene Gesichter in Hongkong, aber auch bei dem neuen Besitzer, dem Libanesen Frederick Soudan. Er selbst besaß nicht soviel Geld, fand aber südafrikanische Finanziers, die ihm die Summe vorschossen. Um nicht in Verlegenheit zu geraten, versicherte er den in *Salem* umbenannten Tanker für 24 Millionen Dollar.

Der Levantiner hatte nun zwar ein Schiff, aber noch keine billige Flagge. Für 300000 Dollar erwarb er die libanesische Briefkastenreederei Oxford Shipping Company Inc. Anschließend vercharterte er den Supertanker an die Shipomex S. A., die in der Schweiz einen Briefkasten ihr eigen nannte, für monatlich 285000 Dollar. Damit hatte der Reeder sämtliche Weichen gestellt, um sich und seine Firma aus der Verantwortung zu ziehen.

Kein Reeder vermag einen Schiffsversicherungsbetrug auszuführen, ohne den Kapitän in sein Vorhaben einzuweihen, es sei denn, er selbst versteckt eine Zeitbombe an Bord oder brennt mit einem Schneidbrenner ein Loch in die Bordwand. Unser Schiffseigner aber fand einen geeigneten Helfer in Kapitän Dimitros Georgoulis. Dem bärtigen Seemann war jüngst sein Dampfer *Alexander K.* im Hafen gestohlen worden, während er mit dem Makler an Land über Geschäfte verhandelte. In der Versicherungsagentur wurden die Angestellten zwar blaß, doch sie hatten keine Beweise, die der Darstellung widersprachen. Der Dampfer blieb verschwunden.

Geldsorgen hatte Georgoulis jedenfalls nicht, als er Soudans Auftrag annahm, die *Salem* zu führen. Die neue Crew, sechzehn Tunesier und acht Griechen, ging am 30. November 1979 auf der Reede von Dubai an Bord und macht den Supertanker see- und ladeklar. Während andere große Tanker monatelang auf eine Ladung warten mußten und Muscheln ansetzten, hatte die *Salem* unverschämtes Glück. Sie erhielt einen günstigen Frachtvertrag von der italienischen Firma Pontoil über den Transport einer Rohölladung nach Le Harve.

Der Supertanker machte auf die neue Crew nicht den besten Eindruck, aber keiner von ihnen hatte jemals auf einem neuen Schiff gearbeitet. Resigniert übten sie hauptsächlich das Aussetzen der Rettungsboote.

Fast 200000 Tonnen Rohöl flossen bald danach im Hafen Mina Al Ahmadi in die zwölf Riesentanks der *Salem*. Während sich das Schiff auf die Reise ums Kap der Guten Hoffnung machte (eine Passage durch den Suezkanal kam wegen des Tiefgangs der *Salem* nicht in Betracht) verkaufte die Firma Pontoil die gesamte Ladung für 56 Millionen Dollar an die Shell International Trading in London. Damit war die italienische Maklerfirma entlastet. Shell London beorderte die Ladung nach Le Havre, doch dort sollte die *Salem* nie ankommen.

Kapitän Dimitros Georgoulis galt als schweigsamer Mensch, als ein Mann, der Geheimnisse für sich behalten konnte. Jedenfalls lag der von ihm geführte Tanker am 27. Dezember 1979 auf der Reede von Durban, und über eine Unterwasser-Pipeline flossen rund 200000 Tonnen Rohöl an Land. Diese Leitung wurde pikanterweise von Shells südafrikanischer Schwesterfirma betrieben. Um ihre Anwesenheit zu vertuschen, hängte die Besatzung über den auf den Schiffsrumpf gemalten Namen *Salem* ein provisorisches hölzernes Schild mit der Aufschrift *Lima*. Danach verließ der Supertanker, leer bis auf die üblichen Reste im Doppelboden, die Reede und steuerte in Ballast seewärts, seinem tiefgelegenen Bcgräbnisplatz entgegen. Die *Salem* oder *Lima*, wie sie jetzt hieß, mußte aus Lloyd's Schiffsregister verschwinden, denn ohne Ladung war sie das schwimmende Geständnis eines Versicherungsbetrugs.

Bei klarer Sicht und ruhiger See steuerte am 16. Januar 1980 der britische BP-Tanker *British Trident* an der westafrikanischen Küste südwärts. Bei dem schönen Wetter sonnte sich die Freiwache auf dem hochgelegenen Bootsdeck. Auf der Höhe von Dakar erreichte ein Notruf den Tanker und sorgte für Aufregung. Er mußte aus einem Rettungsboot abgegeben worden sein, behauptete der Kapitän, und niemand widersprach. Sie änderten ihren Generalkurs nur um wenige Grade und konnten bald darauf die sinkende *Salem* ausmachen. Der britische Kapitän achtete zunächst auf die in der Nähe treibenden Rettungsboote und kaum auf das untergehende Schiff. Zum Glück war kein Besatzungsmitglied zu Schaden gekommen.

Doch kaum hatten die Schiffbrüchigen wieder festen Boden unter den Füßen, da behauptete Kapitän Georgoulis, daß seine Mannschaft in Panik ausgebrochen sei, als sich nach einer Explosion an Bord stärkerer Rauch entwickelt habe. Das schien dem britischen Tankerkapitän merkwürdig, denn die an Bord genommenen Leute hatten ordentlich gepackte Koffer dabei gehabt. Auch die in den Rettungsbooten verstauten zusätzlichen Lebensmittel sprachen gegen eine hastige Aufgabe des Schiffes. Und zuguterletzt hatte der Kapitän offenbar genügend Zeit gehabt, um alle wichtigen Dinge zu bergen, so die Pässe der Mannschaft, 47000 Dollar und die Ladepapiere. Nur etwas Wesentliches fehlte: das Logbuch. War das in der Aufregung zurückgeblieben? Welch ein Zufall!

Die britischen Offiziere argwöhnten, daß mit dem Untergang des Supertankers *Salem* etwas nicht stimmte. Doch sie hatten wenig Zeit, sich der Sache anzunehmen, denn noch am selben Abend konnten die Schiffbrüchigen in Dakar an Land gehen. Mochte sich doch die Polizei des Falles annehmen, dachten sie und setzten ihre unterbrochene Reise fort.

Beim Schiffsversicherer Lloyd's in London wurde wie immer bei Schiffsuntergängen die Glocke der bei Borkum gestrandeten Fregatte *Lutine* angeschlagen. Der Tanker *Salem* war mit 24 Millionen Dollar bei Lloyd's versichert gewesen, und diese Summe wurde demnächst fällig. Als die Nachricht vom Untergang des Supertankers um die Welt gefunkt wurde, geriet verständlicherweise Liberia in Aufregung, denn das kleine westafrikanische Land mußte nun mit der schlimmsten Ölverschmutzung der Geschichte rechnen. Vorsorglich verhaftete die Polizei in Dakar den Kapitän und den Chief der *Salem* und sperrte beide ein. Gespannt blickte die Welt der Umweltschützer nach Afrika, doch merkwürdig, es bildeten sich keine Ölteppiche an der Untergangsstelle, die weißen Strände blieben sauber. Das hielten einige für das achte Weltwunder, andere aber machte es sehr nachdenklich.

Ein Putsch befreite die beiden Gefängnisinsassen und entzog sie jeder weiteren Verfolgung. Binnen drei Stunden befanden sich Kapitän und Chief außer Landes, mit unbekanntem Ziel.

Tiefer als der Supertanker *Salem*, und das sind immerhin 4500 Meter, ist ein Beweisstück selten gesunken. Doch Lloyd's gelang der Nachweis, daß die zwölf Tanks des Schiffes nicht mit Öl gefüllt waren, als es versenkt wurde. Die Schiffsversicherer hatten damit viel Geld gespart.

## Terroristen übernehmen das Kommando

Der in Panama registrierte Frachter *Atlantic III* hatte allerhand Jahre auf dem Kiel und in den Laderäumen, gut verstaut für die christliche Miliz im Libanon, eine brisante Mischung aus Sprengstoff, Munition und schweren Waffen. Keine der zahlreichen Behörden hatte sich darum gekümmert, was das Schiff im Oktober 1989 übernahm. Warum also sollten sich die 18 angemusterten pakistanischen Seeleute darüber Gedanken machen? Sie hatten einen Job, das genügte. Daß die Heuer in keinem Verhältnis zu Arbeit und Risiko stand, ahnten sie vielleicht, doch als sie es wußten, gab es keine Möglichkeit mehr, die griechische Reederei Kent Trading zu bewegen, ihre Heuer zu erhöhen. Wozu wurden schließlich Verträge geschlossen?

Kein Mannschaftsmitglied wäre freiwillig auf dem Frachter geblieben, wenn es gewußt hätte, was ihnen in den nächsten fünf Monaten bevorstand. Doch wer von diesen einfachen Leuten hätte soviel Phantasie entwickelt, um sich das auszumalen? Der Kapitän? Nein, auch er wußte nicht wesentlich mehr als seine Leute, nur daß die Reederei den Frachter für die anstehende Reise verchartert hatte. Das aber war nichts Ungewöhnliches. Der Name des Charterers, Samir Gagea, sagte dem Schiffsführer nichts. Der Kapitän war Seemann und hatte sich für die politischen Probleme des Nahen Ostens nie sonderlich interessiert. Das war ein Fehler, wie sich bald herausstellen sollte.

Als der letzte Kolli im Laderaum verschwunden war und die Luken abgedeckt werden konnten, kam nicht nur der Lotse an Bord, sondern es erschienen auch vier Männer, die sich als Bevollmächtigte des Charterers auswiesen. Als der Alte, überrascht von diesen Ladungsbeauftragten, ihre Gesichter musterte, hatte er nur einen Gedanken: lieber keinem dieser Männer nach Einbruch der Dunkelheit begegnen!

Kaum hatte die *Atlantic III* das Hafenbecken verlassen, der Leuchtturm auf der Außenmole war noch in Sichtweite, als die

Fremden das Kommando über das Schiff an sich rissen. Sie scherten sich den Teufel darum, daß der Lotse ihre Waffen sah, und richteten ihre Pistolen auf den Kapitän und den Ersten Steuermann, der auf der Brücke das Journal vervollständigte. Dem Kapitän blieb der Protest im Munde stecken. Der Lotse war froh, von Bord gehen zu können, er schüttelte nur den Kopf, als er im Inneren der Barkasse verschwand.

Die Terroristen forderten den Kapitän auf, die Besatzung zusammenzurufen. Was blieb ihm anderes übrig? Die auf ihn gerichteten Waffen waren überzeugende Argumente, und daß es den Männern ernst war, sah man ihnen an.

Es folgte eine fünf Monate währende Odyssee entlang der libanesischen Küste. Bald war das Trinkwasser verschmutzt, durchsetzt mit Dieselöl und Salzwasser; der Proviant wurde schlechter und von Tag zu Tag weniger. Jede Nacht das gleiche Spiel: herantasten an die Küste, ankern und versuchen, mit gleichgesinnten Kämpfern an Land Verbindung aufzunehmen. Kam eine zustande, wurden die Luken aufgerissen, ein paar Gewehre wurden abgegeben und Sprengstoff, aber die eigentliche Ladung wurden sie nicht los. Bei Tagesanbruch befand sich der Frachter dann wieder außerhalb der Hoheitsgewässer und wartete auf die nächste Nacht, die nächste Chance. Das zehrte an den Nerven der Besatzung und der Terroristen. Eigentlich war die Ladung für die christlichen Milizen unter Samir Gagea bestimmt gewesen, die nicht nur gegen die Syrer, sondern auch gegen die christlichen Milizen unter General Michel Aoun kämpften: eine politisch kaum noch zu überschauende Lage. Da General Aouns Leute offensichtlich die Häfen kontrollierten, gelang es den Terroristen an Bord nicht, die schweren Waffen an Land zu schaffen. Sie standen über Funk mit einer militärischen Organisation in ständiger Verbindung, von der sie auch Befehle erhielten.

Die Offiziere des panamesischen Frachters wurden immer ungeduldiger, und mit ihnen der Kapitän. Sie spürten natürlich, daß ihre Bewacher ratlos waren und nach abenteuerlichen Wegen suchten, die Ladung an Land zu bringen. Aber Gefahr drohte dem Schiff nicht allein von den Terroristen an Bord, sondern auch von israelischen Schnellbooten, die entlang der Küste patrouillierten und denen der Frachter schon längst aufgefallen sein mußte. Das Schiff konnte dem israelischen Geheimdienst nicht entgangen sein.

Sie waren nun schon vier Monate auf See, und keiner wußte, ob diese Fahrt jemals ein glückliches Ende nehmen würde. Dem Kapitän war jeder Funkkontakt zu seiner Reederei oder zu Behörden unmöglich gemacht worden. So kreuzten sie, abgeschnitten von der Außenwelt, vor der Küste Libanons und hofften auf eine Wende der Dinge. Doch nichts deutete darauf hin. Die Terroristen blieben mißtrauisch gegen jedermann und legten die Waffen auch nicht aus den Händen, wenn sie die Toilette aufsuchen mußten. Ihr Wachsystem war einfach, aber es funktionierte. Mit Gewalt war nichts zu machen, da blieb nur eine List als Ausweg. Allmählich gelang es dem Kapitän, die Piraten in Sicherheit zu wiegen. Er täuschte recht überzeugend Gemeinsamkeiten vor, so daß die Bewacher nachlässiger wurden. Selbst die Mannschaft ahnte nicht, was sich auf dem Brückendeck anbahnte. Mehr als die eigenen Offiziere einzuweihen wäre für den Kapitän lebensgefährlich gewesen.

Als nach einem erneuten fehlgeschlagenen Landungsversuch die Terroristen mutlos zusammenhockten, um zu beratschlagen, war die Situation so günstig wie nie zuvor. Der Kapitän beschloß zu handeln. Er gesellte sich zu der Gruppe. Nach und nach trafen drei seiner Offiziere ein und schwatzten mit. Eine Zigarettenpackung wanderte reihum. Die Piraten fühlten sich sicher und schöpften immer noch keinen Verdacht. Zwar lagen ihre Waffen griffbereit, aber keiner hielt eine in Händen, als der Alte das vereinbarte Signal gab. Die Offiziere stürzten sich auf die Libanesen, und ihre Wut verlieh ihnen ungeahnte Kräfte. Der Kampf war hart, aber niemand wurde ernsthaft verletzt.

Die entwaffneten Terroristen schienen nun recht harmlos, doch ihre Anwesenheit wirkte nach wie vor bedrohlich. Um vor ihnen sicher zu sein, wurden sie in zwei getrennten Räumen untergebracht und eingeschlossen. Am liebsten hätte der Kapitän die beiden Schlüssel ins Mittelmeer geworfen. Doch er beherrschte sich. Endlich konnte er Verbindung mit seiner Reederei aufnehmen und schildern, was in den letzten fünf Monaten an Bord der *Atlantic III* passiert war. Er nahm an, daß sich die Kent Trading in Piräus große Sorgen um das Schiff und mehr noch um das Leben der Besatzung gemacht habe, doch weit gefehlt. Der für den Frachter zuständige Sachbearbeiter unterbrach den Redefluß des Kapitäns und vertröstete ihn auf später. Ein schriftlicher Bericht wurde angefordert.

Dem braven Kapitän verschlug es die Sprache. Alles hätte er erwartet, vielleicht sogar Lob und Belohnung, aber nicht diese Gleichgültigkeit. Kurze Zeit später erhielt das Schiff Order, einen Treffpunkt zwölf Seemeilen vor der israelischen Küste anzusteuern und dort zu warten. Was der Kapitän nicht wußte: daß seine Reederei die israelische Marine um Beistand gebeten hatte, um die angeblichen Meuterer festzunehmen und die eingesperrten Terroristen freizulassen. Zu diesem Rendezvous kam es zum Glück nicht, denn der Kapitän dachte nicht daran, die Order zu befolgen. Er hatte die Nase voll. Zwar kannte er immer noch nicht die Zusammenhänge, doch daß da schmutzige Geschäfte abgewickelt wurden, lag klar auf der Hand. Um keinen Verdacht aufkommen zu lassen, verwies er auf Proviantmangel und die schlechte Stimmung an Bord. Als die pakistanischen Seeleute von der Festsetzung der Terroristen erfahren hatten, verlangten sie deren Auslieferung, um Rache zu üben. Der Kapitän hatte seine ganze Überzeugungskunst aufwenden müssen, um die aufgebrachten Leute zu beruhigen.

Die *Atlantic III* verließ den Küstensaum und nahm Kurs auf die offene See. Der Alte ignorierte auch die nächste Order, die Ladung im israelischen Hafen Haifa zu löschen, und ließ Kurs auf die Insel Malta absetzen. In Haifa wäre die Ladung wohl in die richtigen Hände gekommen, und bei dem großen Einfluß des israelischen Geheimdienstes hätte kein Uneingeweihter von dem Deal erfahren. Doch der Kapitän hatte zum Mitspielen keine Lust mehr, er streikte.

Je länger die *Atlantic III* brauchte, um nach Malta zu kommen, desto unsicherer wurde er jedoch. Er fragte sich und seine Offiziere, ob sein Verhalten überhaupt vor Gericht vertretbar sei. Und so benachrichtigte er vorsorglich die internationale Föderation demokratischer Transportarbeiter (ITF) und bat um Beistand. Ihre Ankunft vor Malta verzögerte sich, ein anhaltender Weststurm machte dem Frachter zu schaffen. Immer wieder mußte der Chief nachrechnen, ob der noch vorhandene Treibstoff reichen würde. Um Öl zu sparen, mußten sie die Maschine drosseln.

Unterdessen liefen auf Malta die Telefone heiß. Minister schalteten sich in die Auseinandersetzungen ein. Statt einer Einlaufgenehmigung erhielt die *Atlantic III* die Aufforderung, außerhalb der Zwölf-Meilen-Zone zu bleiben. Auf Nachfrage des Kapitäns wurde ihm mitgeteilt, daß der Sprengstoff auf dem Frachter eine Gefahr für den Hafen und die ganze Stadt darstelle.

Obwohl jede Hafenbehörde in solchen Fällen ähnlich strengen Richtlinien folgt, war die Besatzung der *Atlantic III* zutiefst erschüttert. Einige Offiziere schlugen vor, die Anweisung nicht zu beachten, so verbittert waren sie. Der Kapitän hatte Mühe, sie zu beruhigen. Er erinnerte daran, daß die Hafenbehörde keinen Zweifel daran gelassen hatte, daß sie bei Nichtbefolgung schießen lassen würde. Ob diese Drohung ernstgemeint war, konnte der Kapitän unmöglich testen, sie saßen schließlich auf einem Pulverfaß.

Inzwischen war der Reederei-Inspektor auf Malta gelandet. Bei seinem Besuch auf dem Frachter teilte er mit, daß die Besatzung durch eine griechische Mannschaft ersetzt würde. Dagegen hatten die pakistanischen Seeleute nichts einzuwenden. Sie wollten das Schiff nur so schnell wie möglich verlassen. Noch aber war es nicht soweit, noch dampfte die *Atlantic III* außerhalb der Hoheitsgewässer und wartete. Die Schwergutladung begann zu rutschen, das Schiff bekam leichte Schlagseite, die Treibstoffvorräte waren aufgebraucht. Ankern konnte man bei der hohen Wassertiefe nicht. Außerdem herrschte Windstärke acht, und eine grobe See machte die Warterei zur Plage.

Nach zähen Verhandlungen konnte der Vertreter der Transportarbeitergewerkschaft die Hafenbehörden bewegen, eine Genehmigung für die *Atlantic III* zu erteilen. Sie durfte zwar nicht in den Hafen einlaufen, aber immerhin in Küstennähe ankern. Es war höchste Zeit, denn es befand sich nur noch Treibstoff für zehn Meilen an Bord.

Nun hätte der Austausch der Mannschaft erfolgen können, aber als die neuen Leute hörten, was die *Atlantic III* geladen hatte, machten dreizehn davon auf der Stelle kehrt. So verzögerte sich die Abmusterung der Pakistanis. Die vier Terroristen waren vom Inspektor der Reederei sofort auf freien Fuß gesetzt worden. Sie hatten ihre Waffen wieder und drohten dem Kapitän, ihn zu erschießen, denn nach ihrer Darstellung war er ein Verräter.

Als die Barkasse mit der neuen Crew längsseits kam und die griechischen Seeleute die bewaffneten christlichen Milizionäre entdeckten, verlangten sie deren Entwaffnung. Und weil sie keine Anstalten trafen, das Fallreep zu betreten, blieb den »Ladungsbegleitern« keine andere Wahl, als ihre Handfeuerwaffen ins Meer zu werfen.

Als die abgelöste Crew Land betrat, knieten einige davon bewegt nieder und küßten die Erde. Vor der Presse erzählte der Kapitän die Odyssee der *Atlantic III* und schloß den Bericht mit der Feststellung: »Wir haben die Hölle auf Erden erlebt. Diese 165 Tage auf See, wobei ständig Pistolen auf uns gerichtet waren, hätten jedem Angst eingejagt.«

Die Ladung des panamesischen Frachters wurde am 26. Februar 1990 im christlichen libanesischen Hafen Jounieh gelöscht. Anschließend wechselte das Schiff wieder einmal Reederei und Flagge.

# Rassenkonflikte und Alkohol

Romantisch war die Schiffahrt nie, sondern immer hart und entbehrungsreich. Wohl aber gibt es romantische Stunden. Es ist ein wunderbares Gefühl, an Deck eines großen Windjammers zu stehen, wenn der Passat das Schiff durch die Nacht zieht und die hohen Masten durch ein Meer von Sternen am samtenen Himmel schwingen. Beruhigend wirken die langsamen Schritte des Wachhabenden auf dem Hochdeck und der vertraute Ruf des Ausgucks: »Auf der Back ist alles wohl, die Laternen brennen!« Aber dieses auf einsamer See schwimmende Dorf kann auch die Hölle sein. Daran hat sich nichts geändert, geändert haben sich nur die Schiffe. Fast vergessen sind die Zeiten der Rahsegler, heute preschen technische Giganten über die Meere. Sind die Schiffe älter und abgeschrieben, werden sie ausgeflaggt. Dann geht die wahre Höllenfahrt los, mit gemischten Crews an Bord, billig in Fernost eingekauften Seeleuten. Viel von der Seefahrt müssen sie nicht verstehen, nur zwei gesunde Hände haben. Obwohl sich die Reeder gegen den Vorwurf der Ausbeutung wehren und immer wieder behaupten, sich korrekt an die mit den Heimatgewerkschaften vereinbarten Tariflöhne zu halten, bleiben bittere Fragen offen.

Noch schlechter als weiße sind farbige Crews dran, besonders wenn sie Pech haben und zum Beispiel auf ein Schiff wie die in Singapur beheimatete *Hans Oldendorff* geraten. Natürlich kann keinem Reeder die Verantwortung dafür in die Schuhe geschoben werden, wenn auf seinen Schiffen die zwischenmenschlichen Beziehungen nicht funktionieren. Für die Qualität seiner Schiffsoffiziere muß er aber bürgen können. Das trifft noch verstärkt auf die von ihm eingestellten Kapitäne zu, sie sind das Rückgrat jeder Reederei.

In den Anweisungen für die Kapitäne der Reederei Ferdinand Laeisz hieß es unter anderem: »Der Kapitän muß sich stets dessen bewußt sein, daß – neben der Erfüllung der Aufgaben, die das Gesetz ihm in seiner Stellung auferlegt – er als Repräsentant der Reederei deren Ansehen und Interesse in jeder Beziehung zu wahren und zu vertreten hat.« Dabei handelte es sich nicht um Anweisungen aus der Segelschiffszeit, sondern um ein von Kapitän H. Piening zusammengestelltes Reglement aus dem Jahr 1960. Laeisz war Laeisz, und Oldendorff war eine andere Reederei.

Bei der Deutschen Evangelischen Seemannsmission in London meldete sich eines Tages der Elektriker der *Hans Oldendorff* und bat um ein Gespräch. Der Diakon dachte zunächst, daß der Bordelektriker private Probleme hatte. Es kam ja nicht selten vor, daß eine Seemannsehe durch die längere Trennung der beiden Partner in schwieriges Fahrwasser geriet. Aber darum ging es nicht, deshalb nahm der Diakon die Aussagen zu Protokoll. Manches wollte er nicht glauben, so absurd klangen die Beschuldigungen des vor ihm sitzenden Mannes, der nicht mehr schweigen wollte, trotz seiner Angst, daß ihm diese Aussagen beruflich schaden könnten. Er berichtete von der bunt zusammengewürfelten Mannschaft, die vom Kapitän und den Ingenieuren regelrecht tyrannisiert wurde; vom Kapitän, der dem senegalesischen Matrosen Manteiro den Kiefer zu Bruch geschlagen hatte, weil er sich durch den Gesang des »Negers« gestört fühlte. Als Manteiro bat, nicht mehr »Kanake« gerufen zu werden, hätten ihn die deutschen Ingenieure verprügelt. Für den Diakon der Seemannsmission war das alles andere als Seemannsgarn, aber er konnte nicht viel mehr tun, als die Beschwerde weiterzuleiten.

Im Hafen von Chania auf Kreta lag der unter somalischer Flagge fahrende Frachter *Jan*. Kapitän Harry H. war kein bequemer Schiffsführer, er war für seine Hitzköpfigkeit an Bord und in den Hafenkneipen bekannt. So mancher Nordeuropäer kann eben das Mittelmeerklima nicht für längere Zeit vertragen. Als Kapitän H. eines Nachts vom Landgang mit schwerer Schlagseite auf die *Jan* zurückkehrte, kam ihm der Wachgänger gerade recht. Er schrie ihn an, fluchte und beleidigte den Ghanesen. Zunächst duckte der sich wie sonst immer, dann aber gab er sich einen Ruck. Keiner hatte ihm gesagt, daß er auf einem Schiff wie ein Hund zu kuschen habe. Sein Stolz ließ weitere Beleidigungen nicht mehr zu. Er stürzte sich auf den Kapitän, packte dessen Kopf mit beiden Händen und schlug ihn so lange gegen die stählerne Ruderhauswand, bis sich der Kapitän nicht mehr rührte. Als er es über Bord ins Hafenwasser warf, war sein Opfer bereits tot. Wie befreit von einer seelischen Last, stellte sich der Ghanese seinen Richtern.

Die eigentliche Ursache für die Tragödie auf dem Frachter *Mimi* dürfte in der unheilschwangeren Szenerie liegen, als das Schiff im sogenannten Bermudadreieck die amerikanische Küste zu erreichen versuchte. Zwei völlig verschieden geartete Gruppen – vier deutsche Offiziere auf der einen, fünf Seeleute aus der Südsee auf der anderen Seite – lebten auf engstem Raum zusammen. Grundverschiedene Lebensart und unüberbrückbare Kommunikationsprobleme eskalierten, bis die Situation auf dem kleinen Frachter einem unter Druck stehenden Dampfkessel glich.

Nie wird ein Unbeteiligter erfahren, was in den Köpfen der Südseematrosen vor sich ging, ob es sich um eine verabredete Aktion handelte oder um einen spontanen Racheakt. Jedenfalls erstach eines Nachts der indonesische Matrose Gun Supardi nacheinander den Kapitän, den Steuermann und die beiden Ingenieure. Im Anschluß an die grausame Tat öffnete die Mannschaft das Seeventil, und die *Mimi* verschwand mitsamt den Toten in der Tiefe des Bermudadreiecks. Supardi und seine Kumpane hatten rechtzeitig eines der Rettungsboote zu Wasser gelassen und trieben einen Tag lang auf der belebten Schiffahrtsstraße, bis sie vom deutschen Frachter *Lalli* geborgen wurden. Das war ihr Pech, denn dem Kapitän kam die Sache so verworren vor, daß er sich mit den Erklärungen der angeblich Schiffbrüchigen nicht zufrieden gab und in Palm Beach die Polizei einschaltete. Gun Supardi wurde schuldig gesprochen und kam ins Gefängnis.

Im Oktober 1988 fand in der Elbmündung eine blutige Auseinandersetzung zwischen zwei Seeleuten auf dem nigerianischen Stückgutfrachter *Udolfe II* statt. Danach standen sich koreanische und nigerianische Seeleute plötzlich unversöhnlich gegenüber. Der koreanische Kapitän versuchte, den Streit zu schlichten, doch die beiden Gruppen hörten nicht auf ihn. So mußte er die Wasserschutzpolizei zu Hilfe rufen, zumal ein Seemann mit einem Messerstich in die linke Schulter verwundet worden war. Der mitausgelaufene Seenot-Rettungskreuzer konnte den Arzt erst auf dem Frachter absetzen, nachdem vier Polizeibeamte die Streithähne getrennt hatten. Der Messerstecher wurde in Gewahrsam genommen und in Untersuchungshaft gesteckt. Alle Bemühungen der Reederei, die gegnerischen Gruppen zu versöhnen, schlugen fehl. Daher mußten schließlich alle Nigerianer von Bord. Sie wurden mitsamt dem Festgenommenen ausgeflogen.

Es geschah im Sommer 1970 auf der Fähre *Viking Sally* während der relativ kurzen Reise von Stockholm nach Turku in Finnland. Irgendwann nach Mitternacht wurde ein zwanzigjähriger Kfz-Mechaniker aus Stuttgart von drei Finnen so schwer geschlagen, daß er an seinen Verletzungen starb. Dann vergewaltigten die Täter seine 22 Jahre alte Freundin aus Eßlingen. Noch während die Fähre auf See war, kamen vierzig finnische Polizisten an Bord und begannen mit den Verhören. Jeder der hundert Passagiere wurde fotografiert. Auch nach dem Anlegen des Schiffes in Turku durften die Fahrgäste so lange nicht von Bord, bis ihr Alibi wasserdicht war. Noch am Abend wurden die drei Täter festgenommen. Weil sie die Tat aber im Vollrausch begangen hatten, bekamen sie mildernde Umstände zugebilligt.

Kapitän MacKinnon war ein glanzvoller Vertreter der Royal Navy. Im Falklandkrieg hatte er sich ausgezeichnet, und wie ein Bordkommando betrachtete er auch seine Rolle auf dem Containerfrachter *Box Captain Cook*. Der 43jährige Liverpooler geriet völlig außer sich, als infolge eines Navigationsfehlers seines Ersten Offiziers das 120 Meter lange Schiff auf eine Sandbank lief. Er brüllte Remigio Hernando von den Philippinen an und suspendierte ihn auf der Stelle. Das konnte der 41jährige nicht ertragen. Er fühlte sich gedemütigt, in seinem Stolz getroffen. Wie ein Irrer stach Hernando mit dem Messer auf den Kapitän ein. Als er tot war, warf er den Leichnam den Haien vor. Alles ging so rasend schnell, daß keiner eingreifen konnte. Der Funker alarmierte die kalifornische Küstenwache. FBI-Agenten kamen an Bord und überwältigten Hernando.

# Die Wahrheit kennt nur der Wind

Yachten bieten das geeignete Terrain für perfekte Morde. Wo jeder Zeuge und auch noch die Leiche fehlt, kommen die polizeilichen Ermittlungen nicht über einen Verdacht hinaus.

Vor Toulon trieb am 17. März 1987 die deutsche Yacht *Rhea*. Das Vorsegel hing im Wasser, die Kabine war verwüstet. Keine Spur fand sich vom Eigner und Skipper des 1936 gebauten Schiffes, dem Politikwissenschaftler Dr. Karl-Peter M., Dozent an der Universität München. Fest steht nur, daß er drei Tage zuvor noch lebte. Was aber danach geschah, darüber gibt es nur Spekulationen. Nicht auszuschließen ist, daß der Münchner zwei Bekannte auf die Segeltour mitnahm, Constaniue R. und Kurt B., denn sie wurden seit dem Wochenende ebenfalls vermißt. B. hatte einen VW-Kombi im Yachthafen geparkt. Einen Tag später war das Fahrzeug verschwunden. Die *Rhea* wurde vom französischen Schiff *Nathalie* entdeckt und eingeschleppt. Die Kiste mit den Notraketen war leer, das aufblasbare Rettungsfloß lag unbenutzt an Deck, das Wetter war schön, und in den letzten drei Tagen vor Auffinden der Yacht hatte es nur leicht geweht. Was auf der *Rhea* wirklich geschehen ist, weiß nur der Wind.

Viermal hatte Hans Johannes H. seit 1972 den Atlantik mit seiner Yacht *Lumme* überquert, dann war ihm das Schiff zu klein geworden. Auf Teneriffa kaufte er 1979 den Zweimaster *Summer Wind*. Am 28. Dezember 1990 entdeckte ein brasilianischer Fischer vor der Küste des südamerikanischen Bundesstaates Rio Grande do Sul in Höhe der Stadt Quintao die treibende Yacht. Wie die Polizei feststellte, war der 46jährige Skipper durch einen Schuß in den Mund gestorben. Neben der Leiche hockte ein halbverhungerter Hund. Die gerichtsmedizinische Untersuchung ergab, daß der Tod bereits am 18. oder 19. Dezember eingetreten war.

Die brasilianische Polizei hielt es für unwahrscheinlich, daß der Hamburger Abenteurer die 15 Meter lange Yacht ganz allein gesegelt hatte. Von weiteren Besatzungsmitgliedern aber fehlte jede Spur. Fest steht nur, daß der tödliche Schuß aus der neben dem Toten liegenden Winchester Kaliber 22 abgefeuert worden ist. Wer aber den Abzugshahn betätigt hat, das konnte die Polizei nicht herausfinden. Den letzten Funkspruch der *Summer Wind* fing ein Amateurfunker am 17. Dezember auf. An diesem Tage segelte der Zweimaster bei handigen Winden etwa hundert Seemeilen von der brasilianischen Küste entfernt und war auf dem Weg nach Argentinien. Was wirklich an diesem Tag auf der Yacht geschah, wird für immer ein Geheimnis bleiben.

Natalie Wood, die attraktive Schauspielerin, hatte nachts panische Angst vor dem Wasser. Niemals wäre sie freiwillig in ein Schlauchboot gestiegen, behaupten ihre besten Freunde. Wenn das aber zutrifft, dann kann ihr rätselhafter Tod vor der kalifornischen Küste kein Unfall gewesen sein.

Acht Jahre nach dem Tod der Schauspielerin veröffentlichte die französische Zeitschrift »Ici Paris« einen Bericht von Dennis Davern, dem einstigen Kapitän der Motoryacht *Splendour*. Über die Ereignisse in jener Nacht auf der Yacht erklärte er: »Die Kreuzfahrt, zu der Natalie ihren Ehemann Robert und ihren Filmpartner Christopher W. eingeladen hatte, war ein schrecklicher Fehler. Robert war extrem eifersüchtig auf Christopher. Angestachelt vom Alkohol, flirteten Natalie und Christopher so intensiv miteinander, daß ihr Ehemann wütend wurde. Doch er sagte nichts.

Abends legten wir im kleinen Hafen von Calalania an. Ich begab mich mit der Mannschaft an Land und überließ die Yacht den drei Schauspielern. Als ich zurückkehrte, hörte ich Schreie und das Splittern von Glas. Robert war total betrunken und brüllte seinen Rivalen an: ›Warum willst du mir die Frau stehlen?‹ Vor Wut außer sich, warf Natalie ihrem Mann ein Glas ins Gesicht und schrie: ›Bei diesem Irren bleibe ich keine Minute länger!‹ Das waren ihre letzten Worte, die ich hörte. Danach habe ich sie lebend nicht mehr gesehen.

Als ich das sonst auf dem Vorschiff liegende Schlauchboot vermißte und Robert darauf aufmerksam machte, sagte der Schauspieler ruhig: ›Natalie wird es genommen haben.‹ Auffällig ruhig verhielt sich Robert auch, als ein paar Stunden danach Natalies Leiche am Strand gefunden wurde. Unübersehbar waren die vielen blauen Flecken an ihrem Körper. Als die Ermittlungen über die wahre Todesursache liefen, mußte ich auf Roberts Anweisung in seiner Villa bleiben. Monatelang lebte ich dort fast wie ein Gefangener. Dann ließ er mich gehen – unter der Bedingung, daß ich kein Wort über jene Nacht auf der *Splendour* erzählte.«

Offiziell gilt der Tod der Schauspielerin als Unglücksfall. Was wirklich in der Nacht zum 28. November 1981 an Bord der *Splendour* geschah, bleibt ein Rätsel. Warum kletterte die 43jährige ins Schlauchboot und fuhr damit aufs Meer hinaus? Allein war sie viel zu schwach, um das Schlauchboot von Deck ins Wasser zu bekommen, doch keiner gab zu, ihr dabei geholfen zu haben. Fest steht nur, daß sie wenige Stunden später tot im Wasser trieb. Robert und Christopher wissen sicher mehr als die Polizei.

Für einen sechsstelligen Betrag erwarb Herbert Klein 1981 die 16 Meter lange *Wappen von Bremen*. Er taufte das 1967 in Bremen aus Mahagoni gebaute Schiff auf den Namen *Apollonia* um und bereitete die Yacht für die Atlantikfahrt vor. Klein war ein Aussteiger. Um sich seinen Wunsch – ein Leben in Freiheit auf See – erfüllen zu können, gab er seinen Job in einer Speditionsfirma auf, ließ sich scheiden und verkaufte seine Eigentumswohnung. Zusammen mit seinem Freund Jochen E. und seiner Freundin Gabriele Humpert wollte der Skipper in die Karibik segeln und dort Charterreisen veranstalten.

Aber die Reise stand unter einem schlechten Stern. Zunächst wurde das Boot auf den kanarischen Inseln von einem Gangster überfallen, danach fehlte das Geld zur Weiterfahrt.

Jochen kehrte in die Heimat zurück, auch eine erfahrene Mitseglerin musterte ab. Der hochseeunerfahrene Klein ließ die beiden Konstanzer Michael W. und Dieter G. kommen. Sie hatten sich auf eine Kleinanzeige in der Segelzeitschrift »Yacht« gemeldet. Außerdem musterten ein gewisser Paul Termann und seine Freundin Doris an.

Es wurde Ende November, bevor die vier Männer und die beiden Frauen mit der *Apollonia* die Reise fortsetzen konnten. Anfang Dezember geriet die Yacht in übles Wetter. Die segelunerfahrene Gabriele hatte angeblich keine Sicherheitsleine angelegt und soll bei der Arbeit an Deck über Bord gestürzt sein. Außer sich vor Schmerz soll Herbert Klein unsinnige Segelanweisungen gegeben haben, worüber es mit Termann zum Streit kam. Schließlich habe Klein eine geladene Pistole gezogen und damit seine Kameraden bedroht. Als Termann ihm die Waffe entwinden wollte, löste sich ein Schuß, der den dabeistehenden Michael W. zwischen Herz und Lunge traf. Es fiel noch ein weiterer Schuß in dieser Nacht. Mit ihm habe sich Herbert Klein selbst erschossen, dabei sei er über Bord gefallen und ertrunken. Soweit die Version Paul Termanns.

Die *Apollonia* erreichte am 17. Dezember 1981 Barbados. Der schwerverletzte Michael W. wurde operiert und erholte sich wieder. Aber die beiden deutschen Segler erstatteten noch auf Barbados Anzeige gegen Paul Termann. In einem aufsehenerregenden Prozeß wurde er in Deutschland wegen Mordes zu lebenslanger Haft verurteilt. Die Beweisaufnahme hatte ergeben, daß er – um die Yacht an sich zu bringen – Herbert Klein und seine Freundin erschossen und Michael W. verletzt hatte.

Tatort ist der Bodensee und die Segelyacht *Calypso* möglicherweise ein Mordwerkzeug. Davon ging der Ulmer Staatsanwalt aus, der die Untersuchungen leitete. Nach seiner Version geschah auf der 5,5 Tonnen schweren Yacht am 29. August 1976 ein »fast perfekter Mord«. Der Eigner des Schiffes wurde bald darauf festgenommen. Werner B. stand sofort unter Verdacht, nicht nur sein mit 80000 Mark versichertes Boot selbst versenkt, sondern auch seine 44 Jahre alte Frau ermordet zu haben. Zunächst stritt der Patentingenieur alles ab und blieb bei seiner Darstellung, denn er glaubte seine Yacht in der sicheren Obhut des Bodensees und sprach von einer heftigen Explosion an Bord. Er sei bewußtlos von herbeieilenden Seglern aufgefischt worden. Seine Frau aber war verschwunden, das Boot habe sie wohl mit in die Tiefe gerissen. Für die Staatsanwaltschaft war die abgeschlossene Insassen-Unfallversicherung über 200000 Mark ein belastendes Indiz, obwohl Augenzeugen von einem Brand an Bord der *Calypso* berichteten.

Ein ganzes Jahr lang versuchte die Schweizer Staatsanwaltschaft des Kantons Thurgau vergeblich, Licht in das Dunkel zu bringen und wenigstens die gesunkene Yacht zu bergen. Schließlich gab sie auf und überließ sämtliche Akten den Kollegen in Ulm. Und dann wurde die Yacht doch noch entdeckt. Sie lag nur 200 Meter von der tiefsten Stelle des Bodensees entfernt in einer Tiefe von 138 Meter. Die Experten beschlossen, sie mit zwei auf Fährschiffen aufgebockten Kränen zu heben. Die Aktion gelang, das Wrack kam an die Oberfläche und konnte in einer Werft gründlich untersucht werden. Spuren einer Explosion wurden nicht gefunden, wohl aber drei geöffnete Ventile, über die das Wasser schnell in die Yacht eindringen konnte. Das war kein Zufall.

Zwar war nun die Yacht gefunden und der Versicherungsbetrug aufgedeckt, noch aber fehlte die Leiche. Im März 1979 stieg der Schweizer Tiefseeforscher Jacques Piccard in sein neuentwickeltes Tauchboot *PX28 Forel*, um im Auftrag der Staatsanwaltschaft Ulm nach der Leiche der verschwundenen Frau zu suchen. Aber die Lichtquellen im Boot reichten nicht aus, um den Grund in dem fraglichen Gebiet auszuleuchten. Die Ulmer Staatsanwaltschaft hatte das Tauchboot für drei Tage gechartert und 100000 Mark investiert, um den Fall aufzuklären. Nun aber war sie so klug wie zuvor. Wie gesagt: Wenn jeder Zeuge und die Leiche fehlt...

Einer der einflußreichsten Medienzaren der Welt wurde am 5. November 1991 vor der Küste von Maspalomas auf den Kanaren tot aus dem Meer gezogen. Verleger Robert Maxwell war morgens auf seiner Yacht *Lady Ghislaine* vermißt worden. Zu Wochenbeginn hatte es noch geheißen, Maxwell erhole sich auf seiner 430-Tonnen-Luxusyacht von einer Grippe. Kapitän des Schiffes war Gus Rankin. Er war es auch, der den Eigner vermißte. Nach drei gründlichen, aber erfolglosen Durchsuchungen der Yacht kehrte der Kapitän um und veranlaßte eine Suchaktion, an der sich auch andere Schiffe beteiligten. Aber erst Stunden später wurde Maxwells Leiche gefunden.

Der Verleger hatte wegen überhasteter Investitionen in finanziellen Schwierigkeiten gesteckt und mehrere Firmen abstoßen müssen. Dabei war sein Aufstieg sagenhaft gewesen. Als tschechischer Emigrant namens Jan Ludvik Hoch aus Solotvino hatte er im Juli 1940 England erreicht, und damals steckten in seiner Uniform nur ein paar Sous. Im Zuge seiner Tätigkeit beim britischen Geheimdienst nannte er sich fortan Ian Robert Maxwell. Als er starb, besaß er ein Vermögen von 3,3 Milliarden Mark.

Kaum hatten die Medien von dem sensationellen Todesfall erfahren, tauchten die ersten Vermutungen auf, ob Robert Maxwell wirklich einem Unfall zum Opfer gefallen sei. Die See war ruhig gewesen, warum sollte er über Bord gestürzt sein? Ein Selbstmord also, ausgelöst durch die finanziellen Probleme seines Zeitungsimperiums? Doch die Zweifel wuchsen, als sich die spanischen Behörden einmischten – und schwiegen. Plötzlich hieß es, Robert Maxwell habe vier Stunden lang im Wasser um sein Leben gekämpft. Das war mit der Selbstmordtheorie nicht vereinbar. Und dann meldeten sich Zeugen, die merkwürdige Beobachtungen gemacht hatten, darunter auch Herbert K. Seit zwölf Jahren lebte der einstige Versicherungsmakler mit seiner Frau in Los Cristianos im Süden Teneriffas. Am Tag vor Maxwells Tod fuhr er mit seiner Frau zum Fischen nach Poris de Abona. Dabei sah er: 400 Meter vor dem Ufer ankerte Maxwells Luxusyacht *Lady Ghislaine*, etwa 300 Meter davon entfernt ein weißer, zehn Meter langer Zweimaster. Er trug keinen Namenszug und hatte auch keine Nationalflagge gesetzt. Zwei Stunden lang regte sich nichts an Bord, dann stieg ein muskulöser Mann von der Yacht ins Wasser und schwamm an Land. So berichtete jedenfalls Herbert K. Um 18.00 Uhr wurden dann auf der Maxwell-Yacht die Motoren angeworfen, das Schiff fuhr ohne Positionslampen gesetzt zu haben davon.

Inzwischen hatte Maxwells Witwe Zweifel an einem Unfalltod oder Selbstmord ihres Mannes geäußert und gemeint, daß sich ein Mörder auf der Yacht befände. Die Mannschaft wurde vom britischen Konsul auf Teneriffa ausführlich verhört – ergebnislos.

Alles ist möglich auf See.